[노랑물봉선]
Impatiens noli-tangere

[수국]
Hydrangea macrophylla

[일본잎갈나무]
Larix kaempferi

그림으로 보는
식물용어사전

이광만 · 소경자 지음

[왕버들]
Salix chaenomeloides

[가래나무]
Juglans mandshurica

[꽃창포]
Iris ensata var. spontanea

[익소라 치넨시스]
Ixora chinensis

[돈나무]
Pittosporum tobira

[귤]
Citrus unshiu

 나무와문화 연구소

■ 참고 문헌

· 국립수목원(2010), 알기 쉽게 정리한 식물용어, 지오북
· 국립수목원(2010), 식별이 쉬운 나무도감, 지오북
· 이상태(2010), 식물의 역사, 지오북
· 이규배(2010), 식물형태학 용어해설, 라이프사이언스
· 이유성(1997), 현대식물형태학, 우성출판사
· 이창복(1980), 대한식물도감, 향문사
· 박용진 외(2013), 삼고 조경수목학, 향문사
· 이종석(2008), 화훼원예학, 향문사
· 박흥덕 외(2003), 식물 형태학 용어, 월드사이언스
· 윤주복(2008), 나무해설도감, 진선출판사
· Michael G. Simpson(2007), Plant Systematics, Elsevier
· Linda E. Graham, James M. Graham, Lee W. Wilcox(2008), Plant Biology, Prentice Hall
· Bell, A. D.(1991), Plant Form, OxfordUniv. Press
· Gray, A.(1907), Structural Botany, American Book
· 岩瀬 徹, 大野 啓一(2004), 寫眞で見る植物用語 野外觀察ハンドブック, 全國農村敎育協會
· 土橋 豊(2011), ビジュアル園芸·植物用語事典, 家の光協會
· 淸水 建美(2001), 圖說 植物用語事典, 八坂書房
· 高明乾, 盧龍鬪(2006), 植物古漢名圖考, 大象出版社
· 葯用植物圖表解(2008), 王氷, 人民衛生

■ 참고 웹사이트

· 국가표준식물목록 (http://www.nature.go.kr/)
· 나무와문화연구소 (http://cafe.naver.com/namuro)
· 인디카 (http://www.indica.or.kr/)
· 꽃바람에 꽃살문을 열고 (http://ori2k.blog.me/)
· 미주리 식물원 (http://www.missouribotanicalgarden.org/)
· 영국 큐왕립 식물원 (http://www.kew.org/)
· ボタニックガーデン (http://www.botanic.jp/)
· 福原のページ (http://www.fukuoka-edu.ac.jp/~fukuhara/)

그림으로 보는
식물용어사전

●

발행일 · 2015년 7월 24일 1쇄 인쇄
지은이 · 이광만, 소경자
발　행 · 이광만
출　판 · 나무와문화 연구소

●

등　록 · 제2010-000034호
카　페 · cafe.naver.com/namuro
e-mail · visiongm@naver.com
ISBN · 978-89-965666-5-6 01480

정　가 · 28,000원

국립중앙도서관 출판시도서목록(CIP)

그림으로 보는 식물용어사전 / 지은이 : 이광만, 소경자. ― [대구] : 나무와문화 연구소, 2015　　p. ;　　cm
ISBN 978-89-965666-5-6 01480 : ₩28000
식물(생물)[植物]
480.3-KDC6 580.3-DDC23　　　　　CIP2015020251

모든 학문의 시작은 용어의 정의에서부터 시작된다고 할 수 있습니다. 용어에 대한 정의가 명확하지 않으면, 그것의 본질에 대한 이해 역시 명확하지 않기 때문입니다. 식물도 예외가 아니어서, 용어의 의미를 정확히 이해한 다음에 식물을 공부한다면 공부의 폭과 깊이가 한층 더 심화될 것입니다.

현재 우리나라에서 사용되고 있는 대부분의 식물용어는 한자어나 영어로 된 용어를 그대로 사용하는 수가 많기 때문에 식물과 식물의 형태를 공부하는 사람들이 많은 어려움을 겪는 경우가 많습니다. 거기에다 최근에는 한자어나 영어를 우리말로 순화한 용어까지 등장하여 혼란이 더욱 가중되는 것 같습니다. 뿐만 아니라 식물용어에 대한 설명이 너무 추상적이고 학술적이어서 이해하기 어려운 부분도 많습니다. 식물을 공부하는 사람이라면 누구나 식물용어를 그림이나 사진을 곁들여 명확하게 설명하는 책이 있으면 좋겠다고 생각한 분들이 많을 겁니다. 이것이 이 책을 쓰게 된 동기입니다.

책이나 웹사이트마다 사용하는 용어가 다르기 때문에 표제어를 선정하는 작업도 쉬운 일은 아니었습니다. 이 책의 표제어는 대부분 국립수목원에서 발간한 「알기 쉽게 정리한 식물용어」의 권장용어를 채택하여 설명하였으며 한자표기, 영어표기, 일어 표기를 병기하였습니다.

또 같은 식물의 학명 및 정명이 몇 가지로 사용되기 때문에 많은 혼란을 겪습니다. 이것 역시 국립수목원의 웹사이트 「국가 표준식물목록」을 기준으로 선정하였습니다. 앞으로 식물용어와 식물명의 표준화작업이 더 가속화되었으면 하는 바람을 가져 보았습니다.

책의 내용은 너무 학술적이지 않으며, 식물을 좋아하는 사람이라면 누구라도 쉽게 이해할 수 있을 정도의 수준을 유지하도록 노력하였습니다. 또, '그림으로 보는'이라는 책의 제목에서 알 수 있듯이 500여 장의 식물사진과 전문가가 그린 300여 장의 식물일러스트를 삽입하여 초보자나 일반인들도 쉽게 식물이름과 식물용어를 이해하는데 도움이 되게 하였습니다.

책의 구성은 전반부는 식물의 꽃, 열매와 종자, 잎, 줄기와 눈, 뿌리 부분으로, 후반부는 식물의 분류, 식물과 환경, 식물의 재배, 식물의 이름 등 식물과 원예에 관련된 용어를 묶어서 총 9개의 카테고리로 구성하였습니다. 이 역시 일반인일지라도 흥미를 가지고 접근하는데 도움을 주고자 하는 고심의 산물입니다.

아무쪼록 이 책이 식물을 좋아하고, 식물을 사랑하는 모든 분들에게 더욱 식물과 가까워 질수 있는 계기가 되었으면 하는 바람을 가져봅니다.

바쁘신 가운데도 애정 어린 조언을 아끼지 않으신 모든 분들에게 감사를 드립니다. 특히 항상 곁에서 좋은 책을 쓰기 위해 함께 노력한 평생의 반려자이자, 〈나무와 문화연구소〉의 부소장에게도 감사를 드립니다.

2015년 7월 **이광만 · 소경자**

차 | 례

PART 01

꽃

■ 꽃

• 화(花), flower, ハナ

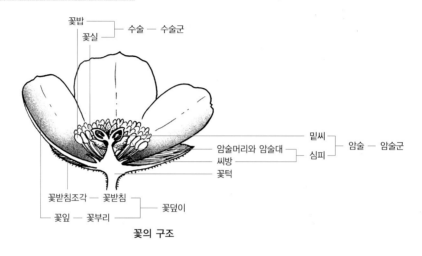

꽃의 구조

꽃은 종자식물겉씨식물과 속씨식물에서 생식을 담당하는 기관을 지칭하지만, 일반적으로 꽃이라 하면 속씨식물의 꽃을 가리킨다.

꽃은 암술, 수술, 꽃덮이꽃받침과 꽃부리와 이들이 붙어 있는 꽃턱으로 구성되어 있다. 꽃덮이는 생식기능은 없고, 꽃가루를 매개하는 곤충 등을 불러들이는 역할을 하는 단순한 악세사리에 불과하다.

꽃덮이가 없어도 암술과 수술 중 어느 한쪽만 있으면 꽃이라고 할 수 있으며, 이들 구성요소의 유무에 따라 꽃을 분류하기도 한다. 또, 꽃은 잎이 변형된 것의 집합체로 꽃을 구성하는 요소인 암술, 수술, 꽃부리, 꽃받침은 특수한 잎이라고 생각하여, 이들을 총칭해서 화엽花葉, floral leaf 이라고 한다. 즉, 꽃은 줄기의 일부가 특수화하여 생긴 꽃

턱에 잎의 변형인 몇 개의 화엽이 달린 것이라고 할 수 있다. 화엽은 보통 암술, 수술, 꽃잎, 꽃받침 순으로 배열되어 있다. 소철과, 은행나무과, 소나무과 등의 겉씨식물에서는 이런 꽃의 정의와는 상당히 다른 특수한 꽃을 만든다.

■ 양성화, 단성화, 중성화

꽃은 암술과 수술의 유무에 따라 다음과 같이 분류할 수 있다.

❶ 양성화

• 양성화(兩性花), bisexual flower, リョウセイカ

하나의 꽃에 암술과 수술이 모두 있는 꽃을 양성화 또는 자웅동화雌雄同花라 하며,

보통 볼 수 있는 대부분의 꽃이 이에 해당한다.

◀ 수꽃
참빗살나무
Euonymus hamiltonianus

◀ 암꽃
참빗살나무
Euonymus hamiltonianus

| 단성화(암수딴그루)

❷ 단성화

• 단성화(單性花), unisexual flower, タンセイカ

하나의 꽃에 암술 또는 수술 중 어느 한쪽이 없거나 있더라도 퇴화된 꽃을 단성화 또는 자웅이화雌雄異花라 한다.

하나의 꽃에 암술만 있고 수술이 없거나 있더라도 기능을 하지 않는 꽃을 암꽃雌花, pistillate flower이라고 한다. 반대로 수술만 있고 암술이 없거나 있더라도 기능을 하지 않는 꽃을 수꽃雄花, staminate flower이라고 한다.

또, 암꽃과 수꽃이 같은 그루에 생기는 것을 암수한그루雌雄同株, monoecious, 암꽃과 수꽃이 서로 다른 그루에 생기는 것을 암수딴그루雌雄異株, dioecious라고 한다.

◀ 암꽃
으름덩굴
Akebia quinata

◀ 수꽃
으름덩굴
Akebia quinata

| 단성화(암수한그루)

❸ 중성화

• 중성화(中性花), neutral floewer, チュウセイカ

암술과 수술이 모두 퇴화되어 꽃덮이로만 이루어진 꽃을 중성화 또는 무성화無性花라 하며, 생식과 무관하며 엄밀하게 말하면 꽃이라 할 수 없다. 범의귀과 수국속, 불두화 등에서 볼 수 있다. 크고 아름다운 색채를 갖는 꽃을 특히 장시화裝飾花, ornamental flower라고 부르며, 꽃가루를 매개하는 곤충을 꽃차례로 유인하는 역할을 한다. 범의귀과 수국속에서는 꽃받침이, 불두화에서는 꽃부리가 크게 발달하였다.

◀ 수국
Hydrangea macrophylla

◀ 불두화
Viburnum opulus
for. hydrangeoides

| 중성화

■ 갖춘꽃, 안갖춘꽃

- 완전화(完全花), perfect flower, カンゼンカ
- 불완전화(不完全花), imperfect flower,
  フカンゼンカ

하나의 꽃에 암술, 수술, 꽃부리, 꽃받침 모두 갖춘 것을 갖춘꽃이라 한다. 이 중에 한가지라도 없는 것을 안갖춘꽃이라 하며, 단성화나 꽃부리가 없는 양성화 등이 이에 속한다.

◀ 무궁화
Hibiscus syriacus

| 갖춘꽃
꽃부리, 꽃받침, 암술, 수술이 모두 있다.

◀ 갯버들
Salix gracilistyla

| 안갖춘꽃
수꽃이삭 – 꽃받침과 꽃잎이 없다.

■ 정제화, 부정제화

- 정제화(整齊花), regular flower, セイセイカ
- 부정제화(不整齊花), zygomorphic flower,
  フセイセイカ

꽃 전체로 봐서 꽃받침조각과 꽃잎의 구성이 방사대칭성인 꽃을 정제화라 하며, 대부분의 꽃이 이 형태에 속한다. 또 방사대칭성이 아닌 꽃을 부정제화라 하며, 이 경우 대부분 좌우대칭형이다. 난초과, 콩과, 제비꽃과 제비꽃속 등의 꽃이 부정제화이다.

◀ 티그리디아
Tigridia pavonia

| 정제화

◀ 삼색제비꽃
Viola tricolor

| 부정제화

■ 닫힌꽃, 열린꽃

- 폐쇄화(閉鎖花), cleistogamous flower,
  ヘイサカ
- 개방화(開放花), chasmogamous flower,
  カイホウカ

꽃이 피지 않고 제꽃가루받이_{自家受粉, self-pollination}에 의해 결실하는 꽃을 닫힌꽃이라 하며, 개화하고 수정하는 열린꽃에 대비하여 사용하는 용어이다. 제비꽃과 제비꽃속 등에서 볼 수 있으며, 열린꽃을 같은 그루에 함께 가지고 있다. 딴꽃가루받이他家受粉, cross - pollination처럼 다음 대에 유전자형의 변형이 일어나지 않지만, 곤충 등의 꽃가루 매개자가 없더라도 확실하게 종자를 만들 수 있다는 장점이 있다. 이것은 열린꽃으로 종자를 생산할 수 없을 경우에 대비한 것이라고 할 수 있다. 제비꽃속은 봄에 피는 열린꽃은 대부분 종자를 만들지 않고, 여름부터 가을에 피는 작고 눈에 잘 띄지 않는 닫힌꽃이 종자를 결실한다.

◀ 산수국
Hydrangea serrata for. *acuminata*

| 이형화
주위의 큰 꽃은 장식화이다.

통모양꽃　　　혀모양꽃

■ 이형화

- 이형화(異形花), heteromorphic flower, イケイカ

보통 같은 식물에서는 꽃의 모양이 같지만, 모양이 다른 꽃이 생기는 것을 이형화라고 한다. 2가지 형태의 꽃이 있는 경우는 이형화二形花, dimorphic flower, 3가지 형태의 꽃이 있는 경우 삼형화三形花, trimorphic flower라고 한다. 자웅이화 식물에서 암꽃과 수꽃의 형태가 다른 경우는 이형화라고 하지 않는다. 예로는 산수국, 미역취 등에서 볼 수 있는 장식화와 양성화, 국화과의 머리모양꽃차례의 혀모양꽃과 통모양꽃 등을 들 수 있다.

◀ 미역취
Solidago virgaurea

| 이형화
가운데 통모양꽃과 주위에 혀모양꽃이 있다.

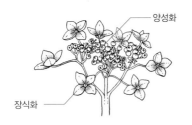

양성화

장식화

■ 홑꽃, 겹꽃

- 단판화(單瓣花), single flower, タンベンカ
- 중판화(重瓣花), double flower, ジュウベンカ

꽃에서 꽃잎 또는 꽃잎처럼 보이는 것예를 들면 포苞의 수는 종류에 따라 일정하다. 이들의 수가 정상적인 것을 홑꽃, 정상적인 것보다 많은 것을 겹꽃이라 한다. 또 겹꽃은 꽃잎의 수에 따라 반겹꽃과 중겹꽃으로 구별하기도 한다.

겹꽃은 식물학적으로는 기형인 것으로 일반적으로 관상가치가 높은 원예품종에서 흔히 볼 수 있으며, 야생종에는 별로 발견되지 않는다. 겹꽃은 유전적으로 열성인 경우가 많으며, 종자번식을 하는 것은 채종이나 겹꽃의 모종으로 감별하기도 한다.

예를 들어, 비단향나무의 겹꽃은 암술과 수술이 판화瓣化한 것으로 겹꽃의 종자는 만들어지지 않는다. 이 때문에 홑꽃에서 채종한 종자를 그대로 파종하면 겹꽃인 것과 홑꽃인 것이 모두 나오는데, 떡잎의 형태로 겹꽃의 모종을 선별할 수 있다.

◀ 후크시아
Fuchsia hybrida

| 겹꽃

● 홑꽃과 겹꽃

◀ 황매화
Kerria japonica

| 홑꽃

◀ 죽단화
Kerria japonica
for. *pleniflora*

| 겹꽃

● 홑꽃과 겹꽃

◀ 후크시아
Fuchsia hybrida

| 홑꽃

■ 헛꽃

• 위화(僞花), pseudoanthium, ギカ

하나의 꽃차례이면서, 작은 꽃이 밀집하여 생기는 꽃차례는 마치 하나의 꽃처럼 보이는데 이것을 헛꽃이라 한다. 국화과의 머리모양꽃차례, 대극과 대극속의 잔모양꽃차례 등이 이에 속한다.

◀ 민들레
Taraxacum platycarpum

| 헛꽃
꽃잎처럼 보이는 것은 혀모양꽃

◀ 꽃기린
Euphorbia milii

| 헛꽃
꽃잎처럼 보이는 것은 2장의 포

■ 매개화

꽃은 꽃가루를 매개하는 수단에 따라 분류할 수 있으며, 크게는 바람이나 물과 같이 무생물에 의존하는 것과 동물에 의존하는 것으로 대별할 수 있다. 또 여기에 열거한 방법 외에 쥐, 모기, 무당벌레, 이슬 등 상상하지도 못할 다양한 종류의 매개체에 의해 꽃가루받이受粉가 이루어지기도 한다.

❶ 풍매화

• 풍매화(風媒花), anemophilous flower, フウバイカ

바람에 의해 꽃가루가 운반되어 암술에 붙어 꽃가루받이가 이루어지는 꽃을 말한다. 일반적으로 점성이 없는 다량의 꽃가루를 퍼뜨리며, 꽃덮이가 작아서 눈에 잘 띄지 않고, 꿀샘이 없는 것이 특징이다.
겉씨식물은 대부분이 풍매화이며, 꽃가루 알레르기를 일으키는 것도 이러한 유형의 식물이다.

◀ 소나무
Pinus densiflora

| 풍매화
수꽃 – 바람이 불면 수꽃가루가 날린다.

❷ 수매화

• 수매화(水媒花), hydrophilous flower, スイバイカ

물에 의해 꽃가루가 운반되어 꽃가루받이가 이루어지는 꽃을 수매화라고 한다. 수꽃과 암꽃이 모두 물속에 있어 꽃가루가 물속에서 확산되어 꽃가루받이가 이루어지는 경우와 수꽃에서 방출된 꽃가루가 수중으로 침강하여 물속의 암꽃과 꽃가루받이가 이루어지는 경우가 있다.

◀ 검정말
Hydrilla verticillata

| 수매화

❸ 충매화

• 충매화(蟲媒花), entomophilous flower, チュウバイカ

곤충에 의해 꽃가루가 운반되어 꽃가루받이가 이루어지는 꽃을 충매화라고 한다. 꽃을 찾는 곤충의 습성 때문에 꽃이 아름다워 눈에 잘 띄거나, 꿀샘이 있거나, 특수한 향기를 가지는 등의 특징이 있다. 특히 난초과의 식물은 꽃가루를 매개하는 곤충과 밀접한 관계가 있어서, 꽃을 방문하는 곤충에 의해 효율적인 꽃가루받이가 이루어지는 정교한 구조를 가지고 있는 것으로 유명하다.
예를 들어, 유럽산 난초과 오프리스속의 식물에서는 암벌과 닮은 꽃을 피우는데, 수벌이 그 꽃을 암벌로 착각하여 교미행동을 취함으로써 꽃가루받이가 이루어진다. 꽃을 감상하는 대부분의 원예식물은 충매화에 속한다.

◀ 코스모스
*Cosmos
bipinnatus*

| 충매화

◀ 민들레
*Taraxacum
platycarpum*

| 충매화

④ 조매화

- 조매화(鳥媒花), ornithophilous flower,
  チョウバイカ

조류에 의해 꽃가루가 운반되어 꽃가루받이
가 이루어지는 꽃을 조매화라고 한다. 미국
에서는 벌새 등에 의해 꽃가루받이가 이루
어지는 것으로 잘 알려져 있다. 벌새는 빨
간색을 좋아하므로 헬리코니아속이나 후
크시아속 등의 빨간색 꽃을 많이 방문하
여 꽃가루를 매개한다. 또 동백나무속은
충매화이기도 하지만, 동박새 등에 의해 꽃
가루가 옮겨지는 조매화이기도 하다.
일반적으로 조매화는 꽃이 튼튼하고 가지의
맨끝에 붙어 있어서, 멀리서나 공중에서도
새들의 눈에 잘 띄는 것이 특징이다.

◀ 동백꽃과 동박새
*Camellia
japonica*

| 조매화

⑤ 박쥐매화

- 박쥐매화(-媒花), chiropterophilous flower,
  コウモリバイカ

박쥐류에 의해 꽃가루가 운반되어 꽃가루받
이가 이루어지는 꽃을 박쥐매화라고 한다.
일반적으로 이러한 종류의 꽃들은 밤에 피
며, 아래로 달려 있어서 곤충보다 큰 박쥐
가 붙어있기가 쉽다. 꽃축花軸이 튼튼한 것
이 특징이며 선인장류, 바나나류 등이 예
이다.

◀ 소시지나무
Kigelia pinnata

| 박쥐매화

⑥ 달팽이매화

- 달팽이매화(-媒花), malacophilous flower,
  カタツムリバイカ

달팽이에 의해 꽃가루받이가 이루어지는 꽃
을 말한다. 괭이눈, 만년청 등이 예이다.

■ 간생화

- 간생화(幹生花), cauliflory, カンセイカ

빵나무*Artocarpus altilis*나 카카오처럼 굵은
줄기나 가지에 피는 꽃을 간생화라 한다. 열
대우림 원산의 수목에 많으며, 열매 상태가
되면 간생과幹生果라고 한다.

◀ 카카오
Theobroma cacao
ⓒ KENPEI

| 간생화

02 꽃의 구성

■ 꽃덮이, 꽃잎

- 화피(花被), perianth, カヒ
- 화판(花瓣), petal, カベン

생식에는 직접 관계하지 않지만 암술과 수술을 보호하며, 색채와 냄새로 꽃가루를 매개하는 곤충을 유인한다. 이러한 역할을 하는 꽃받침과 꽃부리를 꽃덮이라고 하며, 꽃덮이의 조각 하나하나를 꽃덮이조각花被片, tepal이라 한다. 또, 꽃부리의 조가 하나하나를 꽃잎이라 한다.

꽃덮이조각의 배열이 외측에 나란한 것과 내측에 나란한 것으로 구별되는 경우, 이를 각각 외꽃덮이조각外花被片, outer perianth, 내꽃덮이조각內花被片, inner perianth이라 부른다.

외꽃덮이와 내꽃덮이의 색채와 형태가 비슷한 경우, 이 꽃을 동꽃덮이꽃同花被花, homochlamydeous flower라 하며, 백합과나 수선화과 등에서 볼 수 있다. 또, 외꽃덮이와 내꽃덮이의 질이 다른 경우, 외꽃덮이조각을 꽃받침조각萼片, sepal, 내꽃덮이조각을 꽃잎이라 한다. 이러한 꽃을 이꽃덮이꽃異花被花, heterochlamydeous flower라 하며, 대부분의 쌍떡잎식물의 꽃은 이에 해당한다.

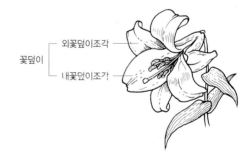

꽃덮이 ─ 외꽃덮이조각
      └ 내꽃덮이조각

◀ 백합
Lilium longiflorum

| 꽃덮이

■ 입술판

- 순판(盾瓣), labellum, シンベン

난초과에서는 3개의 내꽃덮이조각 중 1개
가 다른 것에 비해 형태, 크기, 색채 등이
아주 다른데 이것을 특히 입술판이라 부르
며, 다른 것은 곁꽃잎 側花瓣, lateral petal이라
한다. 복주머니란속은 입술판이 주머니 모
양이다.

곁꽃잎

입술판

◀ 카틀레야 라비아타
Cattleya labiata

| 입술판

곁꽃잎
입술판

◀ 복주머니란
*Cypripedium
macranthos*

| 입술판

■ 무화피화, 유화피화

❶ 무화피화

- 무화피화(無花被花), achlamydeous flower,
ムカヒカ

꽃을 꽃덮이의 유무에 따라 분류할 때, 꽃덮
이가 없는 꽃을 무화피화 또는 나화 裸花,
naked flower라 한다. 삼백초과, 후추과, 홀아
비꽃대과, 버드나무과 등이 이에 속한다.

◀ 삼백초
Saururus chinensis

| 무화피화

❷ 유화피화

- 유화피화(有花被花), charmydeous flower,
ユウカヒカ

꽃덮이의 꽃받침과 꽃부리 중 어느 것 하나
라도 있는 꽃으로 유화피화라 하며, 다시 단
화피화와 양화피화로 분류된다.

• 단화피화

- 단화피화(單花被花), monochlamydeous
flower, タンカヒカ

꽃받침만 있는 꽃으로 쥐방울덩굴과, 으름
덩굴과, 마디풀과 등이 이에 속한다.

◀ 족두리풀
Asarum sieboldii

| 단화피화

• 양화피화

- 양화피화(兩花被花), dichlamydeous flower,
リョウカヒカ

꽃부리와 꽃받침이 모두 있는 꽃을 말하며,
다시 꽃받침과 꽃잎이 뚜렷하게 구별되는
이꽃덮이꽃 異花被花과 그렇지 않는 동꽃덮이
꽃 同花被花으로 분류된다.

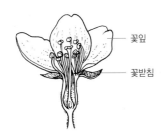

꽃잎

꽃받침

이꽃덮이꽃 중에서 꽃잎花瓣이 서로 분리된 꽃을 갈래꽃라 하며, 이에 대해 꽃잎이 서로 합착한 꽃부리를 가진 꽃을 통꽃이라 한다. 쌍떡잎식물을 갈래꽃을 가진 부류와 통꽃을 가진 부류로 분류하기도 한다.

◀ 산벚나무
Prunus sargentii

| 이꽃덮이꽃
꽃잎과 꽃받침의 구분이 뚜렷하다.

◀ 애기똥풀
Chelidonium majus

| 갈래꽃
꽃잎이 각각 분리되어 있다.

◀ 털조장나무 암꽃
Lindera sericea

| 동꽃덮이꽃
꽃잎과 꽃받침의 구별이 뚜렷하지 않다.

◀ 용담
Gentiana scabra

| 통꽃
꽃잎의 밑동 부분이 서로 붙어 있다.

■ 판화

• 판화(瓣化), petalization, ベンカ

암술, 수술, 꽃받침조각 등 꽃잎 이외의 기관이 변하여, 꽃잎 모양이 된 것을 판화라고 한다. 겹꽃은 수술또는 암술이나 꽃받침조각이 변화한 것으로 관상적으로 귀중하게 여기기도 한다. 수술이 변화한 경우는 가장자리나 선단에 꽃밥이 붙어 있어서 수술의 기능이 남아있는 것도 있다.

■ 갈래꽃, 통꽃

• 이판화(離瓣花), schizopetalous flower,
リベンカ
• 합판화(合瓣花), sympetalous flower,
ゴウベンカ

◀ 겹벚나무
Prunus donarium

| 판화
수술이 판화한 것.

◀ 꽃창포
Iris ensata var.
spontanea

| 판화
암술의 암술대가 판화한 것.

■ 화엽의 수

꽃을 구성하는 화엽花葉의 수에 따라 다음과
같이 분류할 수 있다.

• 이수화

• 이수화(二數花), dimerous flower, ニスウカ

화엽의 기본수가 2 또는 2의 배수인 꽃을
말하며, 쌍떡잎식물에서 볼 수 있다.

◀ 갓
Brassica juncea

| 이수화

• 삼수화

• 삼수화(三數花), trimerous flower, サンスウカ

화엽의 기본수가 3 또는 3의 배수인 꽃을
말한다. 외떡잎식물에서는 일반적으로 보이
며, 쌍떡잎식물에도 드물게 볼 수 있다.

◀ 참나리
Lilium lancifolium

| 삼수화

• 사수화

• 사수화(四數花), tetramerous flower, シスウカ

화엽의 기본수가 4 또는 4의 배수인 꽃을
말하며, 외떡잎식물과 쌍떡잎식물 모두에서
볼 수 있다.

◀ 익소라 치넨시스
Ixora chinensis

| 사수화

• 오수화

• 오수화(五數花), pentamerous flower,
ゴスウカ

화엽의 기본수가 5 또는 5의 배수인 꽃을
말하며, 쌍떡잎식물에서 많이 볼 수 있다.

◀ 펠라르고니움
Pelargonium

| 오수화

◀ 찔레꽃
Rosa multiflora

| 갈래꽃받침

■ 꽃받침, 꽃받침조각

- 악(萼), calyx, ガク
- 악편(萼片), sepal, ガクヘン

꽃받침은 녹색이고 두꺼워서 꽃잎과 쉽게 구별되며, 꽃받침의 낱개를 꽃받침조각이라 한다.

꽃받침조각이 서로 합착한 것을 통꽃받침 合片萼, synsepalous, 그렇지 않은 것을 갈래꽃받침 離片萼, polysepalous이라 한다. 미나리아재비과 바람꽃속, 투구꽃속, 으아리속, 쥐방울덩굴과 족도리풀속 등과 같이 꽃부리가 없는 꽃에서는 꽃받침이 꽃부리 모양으로 크게 발달하기도 한다. 꼭두서니과 무싸엔다속에서는 꽃부리가 깔때기 모양이며 작고, 꽃받침조각 하나가 꽃잎 모양으로 크게 발달되어 있다. 가지과 꽈리속에서는 꽃이 진 후 점차 주머니 모양으로 커져서 열매를 감싸고, 익으면 착색되어 관상이 가능하다.

◀ 프리물라 자포니카
Primula japonica

| 통꽃받침

꽃받침의 밑부분에 다시 꽃받침 모양의 것이 붙은 것을 덧꽃받침 副萼, exicalyx이라 한다. 또 그 하나하나를 덧꽃받침조각 副萼片이라 부르며, 아욱과에서 볼 수 있다.

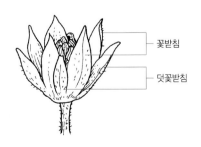

꽃받침

덧꽃받침

◀ 가락지나물
Potentilla
anemonefolia

| 덧꽃받침

꽃받침 밑에 조금 작은 5장의 덧꽃받침이 있다.

■ 갓털

• 관모(冠毛), pappus, カンモウ

국화과 식물 등의 하위씨방의 윗부분에 붙어 있는 털 모양의 돌기로 꽃받침조각 萼片이 변형된 것을 말한다. 대부분의 국화과 식물, 마타리과 쥐오줌풀속 등에 있으며, 열매의 분산에 도움이 된다.

갓털

열매

◀ 민들레
Taraxacum
platycarpum

| 갓털

■ 꽃부리

• 화관(花冠), corolla, カカン

하나의 꽃에서 꽃잎 전체를 꽃부리라 부른다. 꽃부리가 서로 독립해서 꽃받기 花床에 붙어있을 때, 이것을 갈래꽃부리 離瓣花冠, schizopetalous corolla라고 한다.

또, 꽃부리가 서로 유합되어 하나의 통 모양을 이룰 때, 이것을 통꽃부리 合瓣花冠, sympetalous corolla라 하며, 통 모양의 부분을 화통 花筒, floral tube이라 한다. 통꽃부리는 보통 꽃부리의 앞 끝이 갈라져 있는데, 이 부분을 꽃부리조각 花冠裂片, corolla lobe이라 한다.

■ 방사상칭형꽃부리

• 방사상칭화관(放射相稱花冠), actionmorphic corolla, ホウシャソウショウカカン

꽃부리는 대칭성에 따라 크게 방사상칭형꽃부리와 좌우상칭형꽃부리로 나뉘며, 후자가 더 진화한 형태라 할 수 있다. 꽃부리의 중심을 따라 3개 이상의 대칭면을 가진 꽃부리를 방사상칭형꽃부리라 하며, 형태에 따라 다음과 같은 종류가 있다.

◀ 찔레꽃
Rosa multiflora

| 방사대칭형꽃부리

❶ 십자모양꽃부리

> • 십자형화관(十字形花冠), cruciate corolla,
> ジュウジケイカカン

갈래꽃부리의 일종으로, 4장의 꽃잎이 2
장씩 서로 마주보고 십자 모양을 이루고
있는 것을 말한다. 십자화과 등에서 볼 수
있다.

◀ 유채
Brassica napus

| 십자모양꽃부리

❷ 패랭이꽃모양꽃부리

> • 패랭이꽃형화관(－形花冠), caryophyllaceous
> corolla, ナデシコケイカカン

갈래꽃부리의 일종으로, 5장의 꽃잎으로 이
루어져 있으며, 석죽과 패랭이꽃속에서 흔
히 볼 수 있다.

◀ 패랭이꽃
Dianthus chinensis

| 패랭이꽃모양꽃부리

❸ 장미꽃모양꽃부리

> • 장미화형화관(薔薇花形花冠), rosaceous
> corolla, バラケイカカン

갈래꽃부리의 일종으로, 5장의 꽃잎이 모여
얕은 접시 모양의 꽃이 피는 것을 말한다. 찔
레꽃 등에서 볼 수 있다.

◀ 해당화
Rosa rugosa

| 장미꽃모양꽃부리

❹ 백합꽃모양꽃부리

> • 백합화형화관(百合花形花冠), liliaceous corolla,
> ユリケイカカン

갈래꽃부리의 일종으로, 백합과 식물과 같
이 3장의 내꽃덮이조각에 같은 형태의
3장의 외꽃덮이조각이 방사대칭형으로 붙
어있는 꽃부리를 말한다.

◀ 백합
Lilium longiflorum

| 백합꽃모양꽃부리

❺ 수레바퀴모양꽃부리

- 차형화관(車形花冠), rotate corolla,
  クルマガタカカン

통꽃부리의 일종으로, 꽃부리의 통부가 짧고 꽃부리의 선단이 수평에 가까운 각도로 열려있는 꽃부리를 말한다. 가지과 등에서 볼 수 있다.

◀ 솔라눔 란토네티
Solanum rantonnetii

| 수레바퀴모양꽃부리

❻ 고배모양꽃부리

- 고배형화관(高杯形花冠), hypocraterimorphous
  corolla, コウハイガタカカン

통꽃부리의 일종으로, 꽃부리의 통부가 길고 선단이 접시 모양으로 열려있는 꽃부리를 말한다. 앵초과 앵초속 등에서 볼 수 있다.

◀ 프리물라 오브코니카
Primula obconica

| 고배모양꽃부리

❼ 종모양꽃부리

- 종형화관(鐘形花冠), campanulate corolla,
  ショウケイカカン

통꽃부리의 일종으로, 꽃부리의 대부분이 밑부분에서 연결되어 있고, 선단만 갈라진 종 모양의 꽃부리를 말한다. 초롱꽃과 초롱꽃속, 도라지 등에서 볼 수 있다.

◀ 캄파눌라
포텐슐라지아나
Campanula
portenschlagiana

| 종모양꽃부리

⑧ 깔때기모양꽃부리

- 누두형화관(漏斗形花冠), infundibular corolla,
ロウトウガタカカン

통꽃부리의 일종으로, 꽃부리 전체가 연결되고 하부는 가늘고 긴 통 모양이며, 상부는 점차 넓어져서 깔때기 모양을 하는 꽃부리를 말한다. 메꽃과 나팔꽃, 가지과 독말풀속, 천사의나팔속 등에서 볼 수 있다.

◀ 나팔꽃
Pharbitis nil

| 깔때기모양꽃부리

⑨ 항아리모양꽃부리

- 호형화관(壺形花冠), urceolate corolla,
ツボガタカカン

통꽃부리의 일종으로, 꽃부리의 통부가 부풀어 항아리 모양을 하고 있는 꽃부리를 말한다. 진달래과 피어리스속 등에서 볼 수 있다.

◀ 마취목
Pieris japonica

| 항아리모양꽃부리

⑩ 통모양꽃부리

- 통상화관(筒狀花冠), tubular corolla,
トウジョウカカン

통꽃부리의 일종으로, 보통은 국화과 식물의 머리모양꽃차례의 중심부에 있는 꽃을 말한다. 5장의 꽃잎이 서로 접합하여 통 모양을 이루며, 선단이 5개로 갈라진 꽃부리를 말한다.

◀ 곤달비
Ligularia
stenocephala

| 통모양꽃부리

■ 좌우상칭형꽃부리

• 좌우상칭화관(左右相稱花冠), zygomorphic
corolla, サユウソウショウカカン

좌우 각 부분이 같은 모양이고, 형태가 대칭
인 꽃부리를 말한다. 형태에 따라 다음과 같
은 종류가 있다.

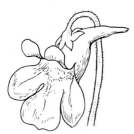

◀ 벌레잡이제비꽃
Pinguicula vulgaris
var. *macroceras*

| 좌우상칭형꽃부리

❶ 투구모양꽃부리

• 두형화관(兜形花冠), galeate corolla,
カブトジョウカカン

갈래꽃부리의 일종으로, 상부의 꽃잎 1개
가 투구처럼 꽃의 윗부분을 덮고 있는 것

을 말한다. 미나리아재비과 투구꽃속에서
볼 수 있다.

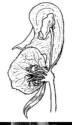

◀ 투구꽃
Aconitum jaluense

| 투구모양꽃부리

❷ 나비모양꽃부리

• 접형화관(蝶形花冠), papilionaceous
corolla, チョウケイカカン

갈래꽃부리의 일종으로, 콩과 식물에서 흔
하게 볼 수 있다. 5장의 꽃잎이 좌우대칭으
로 붙어, 나비 모양을 하고 있는 꽃부리를
말한다.

◀ 양골담초
Cytisus scoparius

| 나비모양꽃부리

❸ 제비꽃모양꽃부리

> • 제비꽃형화관(−形花冠), violaceous corolla,
> スミレガタカカン

갈래꽃부리의 일종으로, 제비꽃속의 꽃부리를 말한다.

◀ 제비꽃
Viola mandshurica

| 제비꽃모양꽃부리

❹ 난초꽃모양꽃부리

> • 난형화관(蘭形花冠), orchidaceous corolla,
> ランガタカカン

난초과에서만 볼 수 있는 갈래꽃부리의 일종으로, 꽃잎에 해당하는 내꽃덮이 중에서 가운데 있는 내꽃덮이조각 1장이 주머니 모양 또는 입술 모양인데, 이것을 특히 입술판脣瓣이라 한다.

◀ 자란
Bletilla striata

| 난초모양꽃부리

❺ 입술모양꽃부리

> • 순형화관(脣形花冠), labiate corolla,
> シンケイカカン

통꽃부리의 일종으로, 꽃부리의 선단이 깊게 2갈래로 갈라져서 입술 모양을 하고 있는 꽃부리를 말한다. 꿀풀과, 현삼과 등에서 흔하게 볼 수 있다.

◀ 벌깨덩굴
Meehania urticifolia

| 입술모양꽃부리

❻ 가면모양꽃부리

> • 가면상화관(假面狀花冠), personate corolla,
> カメンジョウカカン

통꽃부리의 일종으로, 입술모양꽃부리와 닮
았지만, 윗입술과 아랫입술 사이가 부풀어
올라 목 부분을 막고 있는 꽃부리를 말한다.
현삼과 해란초, 금어초, 꽃개오동 등에서 볼
수 있다.

◀ 땅귀개
Utricularia bifida

| 가면모양꽃부리

❼ 유거꽃부리

- 유거화관(有距花冠), calcarate corolla,
  ユウキョカカン

적어도 하나의 꽃잎이 꽃뿔을 가지는 꽃부
리를 말한다. 제비꽃속은 꽃뿔이 있지만, 별
도로 제비꽃모양꽃부리로 분류한다.

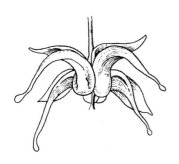

◀ 삼지구엽초
*Epimedium
koreanum*

| 유거꽃부리

❽ 혀모양꽃부리

- 설상화관(舌狀花冠), ligulate corolla,
  ゼツジョウカカン

국화과 등에서 볼 수 있는 것처럼, 바깥쪽에
둘러있는 꽃잎이 혀 모양으로 생겼다 하여
혀모양꽃부리라 한다. 국화과에 특징적으로
보이며, 민들레아과는 혀모양꽃 舌狀花만으
로 되어 있다.

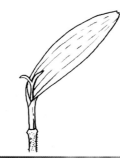

◀ 산국
*Dendranthema
boreale*

| 혀모양꽃부리

■ 덧꽃부리

- 부화관(副花冠), corona, フクカカン

내꽃덮이 또는 꽃부리와 수술 사이에 있는 꽃부리 모양의 부속물을 말한다.

특히 수선화에서는 크게 발달되어 있으며, 시계꽃과 시계꽃속에서는 실처럼 가늘고 긴 모양을 띠고 있다. 박주가리과에서도 볼 수 있다.

◀ 수선화
Narcissus tazetta var. chinensis

| 덧꽃부리
　가운데 노란 부분이 덧꽃부리이다.

◀ 시계꽃
Passiflora caerulea

| 덧꽃부리
　실처럼 가늘고 긴 부분이 덧꽃부리이다.

■ 꽃뿔

• 거(距), spur, キョ

꽃뿔은 꽃받침이나 꽃부리의 일부가 길고 가늘게 튀어나온 부분을 말하며, 보통 꿀샘 蜜腺이 있어서 꿀을 담고 있다.

꽃받침에 꽃뿔이 있는 꽃으로는 제비고깔, 봉선화과 봉선화속 등이 있고, 꽃부리에 꽃뿔이 있는 것으로는 제비꽃과 제비꽃속, 대부분의 난초과 등이 있다.

◀ 노랑물봉선
Impatiens noli-tangere

| 꽃뿔

꽃뿔

안그래쿰 세스퀴페달레
Angraecum sesquipedale

1862년 찰스 다윈(1809~1882)은 세계적으로 독특한 생물들이 많이 사는 마다가스카르 섬에서 '안그래쿰 세스퀴페달레'라는 난의 일종을 관찰하게 된다. 이 난의 꿀은 깊은 관 속에 있는데, 관의 길이가 무려 20~35cm에 달했다. 진화론을 집대성한 다윈은 이 난을 보고 "난의 긴 관과 마찬가지로 비슷한 길이의 입(혀)을 가진 곤충이 마다가스카르에 살고 있을 것이다"라고 예언하였다. 하지만 당시에 이 예언은 받아들여지지 않았다. 그 후 다윈 사망 후 21년이 지나고, 안그래쿰 세스퀴페달레이 관찰된 이후 41년이 지난 1903년 다윈의 예언대로 길이 20cm 이상의 긴 입(혀)을 가진 나방이 관찰되었는데, 그 나방의 학명은 크산토판모르가니 프레딕타(*Xanthopanmorgani predicta*)이다. 학명에 '예언'이라는 뜻의 '*predicta*'가 붙은 것은 찰스 다윈이 이 나방의 존재를 예언했다고 하여 붙여진 이름이다.

■ 꽃턱, 꽃받기, 꽃축

- 화탁(花托), torus, カタク
- 화상(花床), receptacle, カショウ
- 화축(花軸), floral axis, カジク

꽃은 생식에 직접 관여하는 기관인 수술과 암술 그리고 생식에 직접 관여하지 않는 기관인 꽃잎과 꽃받침이 함께 붙어서 모양새를 이룬다.

이 4개의 기관이 붙어있는 줄기의 끝을 꽃턱이라고 한다. 꽃받기는 여러 개의 꽃이 붙어 있는 평면적으로 넓은 부분을 말하며, 꽃턱과 꽃받기는 같은 뜻으로 사용되는 경우가 많다. 또 꽃턱이 축軸 모양인 경우에 꽃축이라 한다.

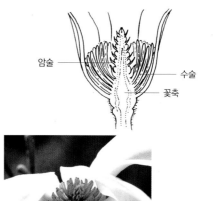

◀ 버들목련
Magnolia salicifolia

| 꽃축

◀ 연꽃
Nelumbo nucifera

| 꽃턱

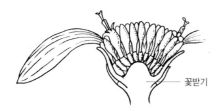

꽃받기

◀ 도만금
Gymnaster savatieri

| 꽃받기

■ 화병, 화경

- 화병(花柄), pedicel, カヘイ
- 화경(花梗), peduncle, カコウ

하나의 꽃을 지지하는 자루를 화병, 여러 개의 꽃을 지지하는 공통의 자루를 화경이라 한다. 또 밀집한 작은꽃을 지지하는 자루를 작은꽃자루小花柄, pedicelet라고 한다. 꽃이 진 후에 열매를 달고 있는 것을 과병果柄, 과경果梗이라 한다.

작은꽃자루

화경

◀ 공조팝나무
Spiraea cantoniensis

| 화경

꽃줄기

◀ 제비꽃
Viola mandshurica

| 꽃줄기

■ 꽃줄기

• 화경(花莖) scape, カケイ

국화과 민들레속의 머리모양꽃頭狀花이나 제비꽃의 꽃자루는 화경花梗에 해당하지만, 이 경우는 줄기가 하나의 마디로 되어 있어서 꽃줄기라고 한다.

03 수술

■ 수술

• 웅예(雄蘂), stamen, オシベ

꽃을 구성하는 중요한 요소 중 하나로, 꽃가루를 만드는 꽃밥과 그것을 지지하는 꽃실로 구성되어 있다. 꽃밥은 생식세포인 꽃가루를 생성하고 수납하는 부분으로 보통 2개의 반약으로 이루어져 있다.

또, 꽃의 종류에 따라서 수술의 개수와 형태, 꽃밥과 꽃실의 모양과 구조가 저마다 다르기 때문에 식물을 분류하는데 중요한 기준이 된다. 수술은 보통 한 개만 있는 암술과는 달리 하나의 꽃에 여러 개가 있는데, 이러한 수술 전체를 통틀어서 수술군雄蘂群, androecium이라고 한다.

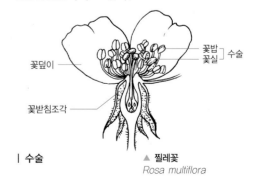

꽃덮이

꽃밥 ┐
꽃실 ┘ 수술

꽃받침조각

| 수술

▲ 찔레꽃
Rosa multiflora

■ 꽃밥, 꽃실

- 약(葯), anther, ヤク
- 화사(花絲), filament, カシ

전형적인 수술은 꽃밥수술머리과 꽃실수술대로 구성되어 있다. 꽃밥은 수술에서 꽃가루를 생성하는 자루 모양의 부분으로 대부분의 속씨식물에서는 수술의 끝에 있다. 또, 꽃밥은 약격葯隔, connective에 의해 좌우 2개의 반약半葯, theca으로 나뉘어지며, 반약을 의미하는 theca는 그리스어로 '상자'라는 뜻이다. 꽃실은 특별한 기능은 없으며, 단지 꽃밥을 받쳐 올리기 위해서 존재하는 기관이다. 꽃가루는 중력에 의해 위에서 아래로 떨어지기 때문에 꽃실은 꽃밥을 암술보다 높은 곳에 위치시키기 위한 구조로 발달한 것으로 짐작된다.

▲ 꽃밥과 꽃실

■ 집약수술

- 집약웅예(集約雄蘂), syngenesious stamen, シュウヤクユウズイ

꽃실 부분은 서로 분리되어 있지만, 꽃밥이 서로 합착하여 원통형을 이루는 수술을 집약수술이라 한다. 국화과에서는 5개의 수술이 모두 꽃밥 부분에서 둥근 모양으로 유합해있다. 제스네리아과 등에서는 몇 개의 수술이 집약수술을 이루는 것도 있다.

◀ 털머위
Farfugium japonicum

| 집약수술

■ 합사수술

- 합사웅예(合絲雄蘂), adelphous stamen, ゴウシユウズイ

꽃밥은 분리되어 있지만, 꽃실의 일부가 합착한 수술을 합사수술이라 한다. 수술이 합착한 상태에 따라 단체수술, 양체수술, 다체수술 등으로 분류된다.

❶ 단체수술

- 단체웅예(單體雄蘂), monadelphous stamen, タンタイユウズイ

모든 수술의 꽃실이 합착하여 하나로 되어 있는 것을 단체수술이라 한다. 아욱과, 차나무과 동백나무속, 애기풀과 등에서 볼 수 있다.

◀ 하와이무궁화
Hibiscus rosa-sinensis

| 단체수술

❷ 양체수술

> • 양체웅예(兩體雄蘂), diadelphous stamen, リョウタイユウズイ

수술이 합착하여 2다발로 된 경우를 양체수술이라 한다. 콩과는 10개의 수술 중에서 합착한 9개의 수술과 하나의 수술로 이루어진 양체수술이다. 대포알 모양의 열매가 열리는 캐논볼트리 *Couroupita guianensis*도 여러 개의 수술이 2개의 조로 갈라진 양체수술이다.

◀ 에리스리나
Erythrina crista-galli

| 양체수술

❸ 다체수술

> • 다체웅예(多體雄蘂), polyadelphous stamen, タタイユウズイ

삼체수술三體雄蘂, triadelphous stamen은 물레나물과 물레나물속의 많은 종에서 보이고, 오체수술五體雄蘂, pentadelphous stamen은 물레나물, 피나무과 피나무속 등에서 볼 수 있다. 이처럼 수술이 3개 이상의 다발로 이루어진 것을 다체수술이라 한다.

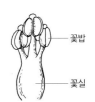

꽃밥

꽃실

좌 : 꽃잎을 제거한 상태
우 : 한 다발의 수술

◀ 물고추나물
Triadenum japonicum

| 삼체수술

■ 이형수술

> • 이형웅예(異形雄蘂), heteromorphous stamen, イケイオシベ

하나의 꽃 속에서 수술의 길이나 모양이 다른 경우가 있는데, 이것을 이형수술이라 한다. 4개의 수술 중에서 2개가 긴 경우를 이강수술二强雄蘂, didynamous stamen이라 하며 꿀풀과, 현삼과, 마편초과 등에서 볼 수 있다. 6개의 수술 중에서 4개가 긴 경우를 사강수술四强雄蘂, tetradynamous stamen이라 하며, 십자화과 등에서 볼 수 있다. 또 10개의 수술 중에서 5개가 긴 경우를 오강수술五强雄蘂, pentadynamous stamen이라 하며, 쥐손이풀과 쥐손이풀속 등에서 볼 수 있다.

◀ 꿀풀
Prunella vulgaris
var. lilacina

| 이강수술

◀ 말냉이
Thlaspi arvense

| 사강수술

◀ 이질풀
Geranium thunbergii

| 오강수술

■ 헛수술

• 가웅예(假雄蘂), staminode, カユウズイ

조금이라도 수술의 형태는 남아 있지만 퇴화되어 정상적인 꽃가루를 생성하지 못하고, 그 기능을 잃어버린 수술을 헛수술이라한다. 암수딴그루雌雄異株의 마디풀과 닭의덩굴속, 단풍나무과 단풍나무속, 참마류의 수꽃에는 모두 퇴화한 수술만 남아 있다. 또, 같은 꽃 안에서 일부의 수술이 퇴화한 경우로는 미나리아재비과 매발톱속, 녹나무과, 난초과 등이 있다. 물매화에서는 헛수술이꿀샘蜜腺으로 변한 것이다.

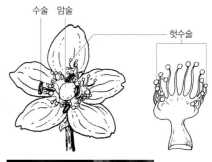

◀ 물매화
Parnassia palustris

| 헛수술

◀ 파피오페딜룸
Paphiopedilum

| 헛수술

■ 꽃가루

종자식물의 웅성배우체雄性配偶體, male game
tophyte를 꽃가루라 한다. 약실葯室에서 만들
어진 단핵성 소포자小胞子, microspore가 분열
하여 화분립花粉粒, pollen grain이 된다.

풍매화의 꽃가루는 충매화의 꽃가루에 비해
점착성이나 돌기가 없기 때문에 미소한 진
동에 의해서도 꽃밥에서 분리되어 공중으로
비산하기 쉽다.

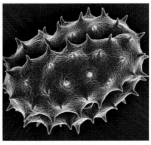

◀ 털머위
*Farfugium
japonicum*

| 꽃가루(충매화)

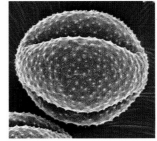

◀ 쑥
*Artemisia
princeps*

| 꽃가루(풍매화)

04 암술

■ 암술

암술은 꽃의 중심에 위치하는 기관으로 보
통은 씨방, 암술대, 암술머리로 구성되어
있다. 암술은 심피라 불리는 특수한 잎으로
구성되어 있으며, 속씨식물에서는 한 장 또
는 몇 장의 심피 가장자리가 유합하여 내부
의 밑씨를 싸고 있다.

하나의 꽃에는 암술이 한 개인 것이 많지
만, 두 개 이상인 경우도 있다. 하나의 꽃에
서 암술부분 전체를 암술군雌蘂群, gynoecium
이라 한다.

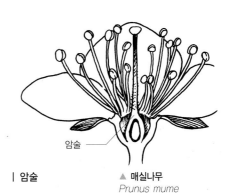

암술

| 암술   ▲ 매실나무
              Prunus mume

■ 암술머리, 암술대

꽃가루를 받는 기관인 암술머리는 암술의
윗부분에 있으며, 점액이나 털로 덮여 있어
서 꽃가루를 받기 쉽게 되어 있다.

암술대는 씨방과 암술머리 사이의 원주형
부분으로, 암술머리가 꽃가루를 받기 쉬운
곳에 생기게 하는 역할을 한다. 밑씨를 내장
하는 씨방은 암술의 아랫부분에 있으며, 수
정 후에는 열매가 된다. 양귀비과 양귀비속
등과 같이 암술대가 없는 꽃도 있다.

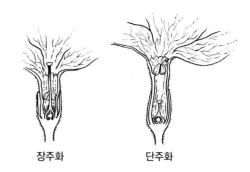

| 장주화　　　　　단주화

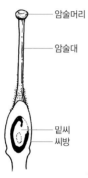

| 암술의 구성　　　▲ 매실나무
　　　　　　　　　　Prunus mume

◀ 히말라야앵초
Primula cuneifolia

| 장주화와 단주화

■ 장주화, 단주화

- 장주화(長柱花), long-styled flower,
  チョウチュウカ
- 단주화(短柱花), short-styled flower,
  タンチュウカ

동일한 꽃에서 암술대가 수술대보다 높은
꽃을 장주화, 그 반대의 경우를 단주화라 하
며 개체에 따라 정해져 있다.

앵초과 앵초속 등에서 볼 수 있는 장주화와
단주화 간의 꽃가루받이受粉는 같은 형태의
꽃 사이의 수분보다 효율이 좋은 것으로 알
려져 있는데, 이는 자가수분自家受粉을 방지
하기 위한 것으로 보인다.

◀ 앵초
Primula sieboldii

| 장주화

◀ 앵초
Primula sieboldii

| 단주화

● 장주화와 단주화
앵초꽃은 암술머리가 보이는 장주화와 수술의 꽃밥이
보이는 단주화가 있다.

■ 자웅예합체

• 자웅예합체(雌雄蘂合體), 예주(蘂柱), column, ズイチュウ

수술과 암술이 유합하여 합체한 것을 자웅예합체라 하며 난초과의 다수, 박주가리과, 쥐방울덩굴과 족도리풀속 등에서 볼 수 있다. 난초과의 경우는 암술의 암술대 끝에 수술이 붙어 있는 구조로 꽃밥모자藥帽, anther cap라고 불리는 보호기관 속에 꽃가루가 서로 결합한 꽃가루덩이花紛傀가 들어 있다.

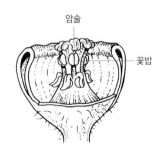

암술
꽃밥

◀ 일본족도리풀
Asarum caulescens
| 자웅예합체
12개의 수술이 6개의 암술을 감싸고 있다.

■ 씨방

• 자방(子房), ovary, シボウ

암술의 밑씨를 수용하는 부분을 씨방이라 한다. 단일 암술의 경우는 심피 1개로 된 단일씨방, 복합 암술의 경우는 2개 이상의 심피로 된 복합씨방으로 되어 있다. 복합씨방의 경우, 자방실子房室, locule을 구분하는 내벽을 격벽隔壁, septum, 자방실 벽에 붙어 있는 밑씨의 자루를 주병珠柄, funiculus, 밑씨가 씨방 벽에 붙는 자리를 태좌라고 한다.

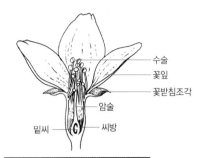

수술
꽃잎
꽃받침조각
암술
밑씨
씨방

◀ 산벚나무
Prunus sargentii
| 씨방

■ 씨방의 위치

씨방의 위치와 꽃잎과 꽃받침의 상대적인 위치관계는 분류군마다 일정하며 아강亞綱, 목目, 과科 레벨의 분류형질이 되는 중요한 요소이다.

❶ 씨방상위

• 자방상위(子房上位), superior ovary, ジョウイシボウ

씨방의 위치가 꽃덮이나 수술의 위치보다 위에 있는 것을 씨방상위라 하며, 그 꽃을 씨방상위꽃이라고 한다.
딸기꽃, 참깨꽃, 패랭이꽃, 양귀비꽃, 철쭉꽃, 백합꽃 등에서 볼 수 있다.

씨방상위

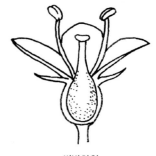

씨방하위

❷ 씨방중위

• 자방중위(子房中位), perigynous ovary,
チュウイシボウ

씨방의 위치가 꽃덮이나 수술의 중간 정도
높이에 있는 것을 씨방중위라 하며, 그 꽃을
씨방중위꽃이라 한다.

채송화꽃, 때죽나무꽃, 바위취꽃, 능소화꽃,
쥐꼬리망초꽃, 쇠비름꽃 등에서 볼 수 있다.

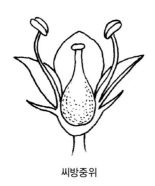

씨방중위

❸ 씨방하위

• 자방하위(子房下位), inferior ovary,
カイシボウ

씨방의 위치가 꽃덮이나 수술의 위치보다
아래에 있는 것을 씨방하위라 하며, 그 꽃을
씨방하위꽃이라 한다. 사과꽃, 국화과의 꽃,
도라지꽃, 꼭두서니꽃, 석산꽃, 붓꽃 등에서
볼 수 있다.

■ 태좌

• 태좌(胎座), placenta, タイザ

씨방 속에 있으며 밑씨가 붙는 씨방벽을 태
좌라 한다. 심피의 가장자리가 서로 유합하
여 비후해서 생긴 부분을 가리키지만, 비후
하지 않아도 이 용어를 사용한다.

원래 포유동물의 태반에서 유추하여 식물에
도 적용된 것이다. 태좌의 분포 유형에 따라
다음과 같이 분류한다.

❶ 측막태좌

• 측막태좌(側膜胎座), parietal placentation,
ソクマクタイザ

중앙에 생긴 축과 각 방 사이의 막이 없어져
서, 하나의 방이 되는 동시에 막이 있던 자
리에 밑씨가 달린다. 제비꽃과, 버드나무과,
박과 등에서 볼 수 있다.

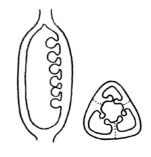

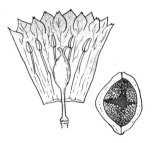

| 측막태좌　　　　▲ **큰구슬붕이** *Gentiana zollingeri*

❷ 중축태좌

- **중축태좌**(中軸胎座), axile placentation,
　チュウジクタイザ

복합심피의 씨방에서 심피가 가장자리에 합
착하여, 자방실의 중앙에 여러 개의 중축을
형성하는 동시에 격벽을 이루며, 그 축 위에
생긴 태좌를 말한다. 쥐방울덩굴과, 물레나
물과, 진달래과 등에서 볼 수 있다.

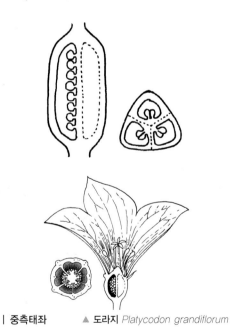

| 중측태좌　　　　▲ **도라지** *Platycodon grandiflorum*

❸ 독립중앙태좌

- **독립중앙태좌**(獨立中央胎座), free central
placentation, ドクリツチュウオウタイザ

씨방의 중앙부에 축이 있고, 그 축에 밑씨가
달리는 경우를 말한다. 각 방 사이에 있던
막이 자라는 동안 없어져서, 중앙에 남게 된
축에 밑씨가 달린다. 석죽과, 앵초과 등에서
볼 수 있다.

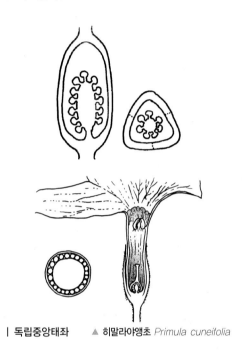

| 독립중앙태좌　　　　▲ **히말라야앵초** *Primula cuneifolia*

■ 심피

- **심피**(心皮), carpel, シンピ

속씨식물에서 암술을 구성하는 화엽花葉을
심피라고 한다. 내부의 밑씨를 싸고, 종자
가 성숙함에 따라 생장하여 열매껍질이 된
다. 1개의 암술이 하나의 심피로 구성된 경
우를 일심피 單心皮씨방 목련과, 콩과이라 하며
2개, 3개, 4개, 5개인 경우를 각각 이심피
씨방 국화과, 삼심피씨방 제비꽃과, 사심피씨방
백합과 큰두루미꽃속, 오심피씨방 장미과 사과나무속이
라 한다.

◀ 주엽나무
Gleditsia japonica

| 일심피씨방

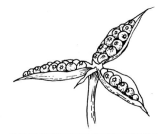

◀ 제비꽃
Viola mandshurica

| 삼심피씨방

■ 내봉선, 외봉선

- 내봉선(內縫線), inner suture, ナイホウセ
- 외봉선(外縫線), outer suture, ガイホウセン

단일 심피의 경우, 1장의 심피가 안쪽으로 접쳐져서 가장자리가 유합한다. 이때 유합부를 내봉선이라 하며, 내봉선을 따라 밑씨가 만들어진다. 이에 대해, 배면에 있는 심피의 중륵中肋은 봉합선처럼 보이는데 이것

을 외봉선이라 한다. 외봉선에는 밑씨가 생기지 않는다. 보통 심피의 봉합선은 내봉선이지만, 계수나무과 계수나무속에서는 예외적으로 외봉선이다.

■ 밑씨

- 배주(胚珠), ovule, ハイシュ

밑씨는 심피 속의 조직이 융기하여 만들어지며, 수정에 의해 그 내부에서 배를 형성하여 성숙한 종자가 된다. 밑씨는 주병珠柄, funiculus, 주피珠皮, integument, 주심珠心, nucellus으로 이루어져 있으며, 이들 3부분이 기부에서 합류하는 곳을 합점合點, chalaza이라 한다. 주심이 주피에 둘러싸이지 않은 부분을 주공珠孔, micropyle이라 하며, 일반적으로 꽃가루관은 주공을 통해서 주심에 이른다. 주피는 밑씨의 외주에 있어서 주심을 보호하는 조직이며, 밑씨와 태좌를 연결하는 부분을 주병이라 한다.

주공과 주병의 위치관계에 따라 배주의 자세를 나누며, 직생밑씨直生胚珠, orthotropous ovule, 도생밑씨倒生胚珠, anatropous ovule, 만생밑씨灣生胚珠, amphitropous ovule, 곡생밑씨曲生胚珠, campylotropous ovule 등으로 분류한다.

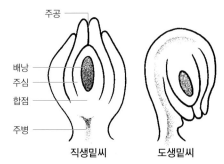

직생밑씨   도생밑씨

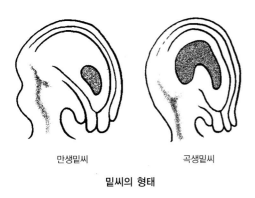

만생밑씨   곡생밑씨

밑씨의 형태

■ 화식, 화식도

- 화식(花式), floral formual, カシキ
- 화식도(花式圖), floral diagram, カシキズ

꽃의 기본적인 구성을 기호로 표시하면 이해하기 쉽다. 이러한 시도는 오래 전부터 있었으며, 그리제바흐Grisebach는 1854년에 화식을, 터핀Turpin은 1819년에 화식도를 제안하였다.

화식은 꽃의 부분 중에서 꽃받침, 꽃부리, 암술, 수술을 독일어 첫머리 글자를 따서, 각각 K=Kelch, C=Krone, A=Androeceum, G=Gynoeceum로 표시하고, 오른쪽 아래에 작은 글자로 개수 ∞는 불특정다수를 나타내었다. 화식도는 화엽의 배치와 개수를 몇 개의 동심원상에 표시하여 나타내었다.

이꽃덮이꽃異花被花의 경우에 꽃받침에는 종선縱線, 꽃부리는 검은색을 칠하여 구분하고, 동꽃덮이꽃同花被花의 경우는 모두 꽃받침과 같은 종선을 넣어 표시하였다. 포苞가 있는 경우는 흰색으로 표시하며, ☆는 방사상칭형꽃, ↓는 좌우상칭형꽃을 나타낸다.

| 미나리아재비과 미나리아재비속

화식도

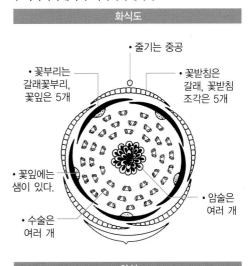

- 꽃부리는 갈래꽃부리, 꽃잎은 5개
- 줄기는 중공
- 꽃받침은 갈래, 꽃받침 조각은 5개
- 꽃잎에는 샘이 있다.
- 암술은 여러 개
- 수술은 여러 개

화식

☆$K_5C_5A∞G∞$

| 석죽과 패랭이속

화식도

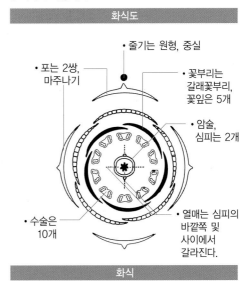

- 포는 2쌍, 마주나기
- 줄기는 원형, 중실
- 꽃부리는 갈래꽃부리, 꽃잎은 5개
- 암술, 심피는 2개
- 수술은 10개
- 열매는 심피의 바깥쪽 및 사이에서 갈라진다.

화식

☆$K_{(5)}C_5A_{10}G_{(2)}$

■ 꽃차례

• 화서(花序), inflorescence, カジョ

꽃의 배열방식 또는 꽃이 붙는 줄기부분 전체를 꽃차례라 하며, 식물의 종류에 따라 일정한 양식을 가진다. 꽃차례는 크게 단일꽃차례와 복합꽃차례로 분류할 수 있으며, 특정한 식물에만 볼 수 있는 특수한 꽃차례나 겉모양에 의해 이름 붙여진 꽃차례도 있다.

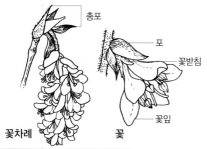

꽃차례   꽃

총포 / 포 / 꽃받침 / 꽃잎

◀ 히어리
Corylopsis gotoana

| 꽃차례의 구성

■ 단일꽃차례

• 단일화서(單一花序), simple inflorescence, タンイツカジョ

꽃차례가 단독으로 존재하는 경우를 단일꽃차례라고 하며, 몇 개의 꽃차례의 조합으로 이루어진 꽃차례를 복합꽃차례라 한다.

■ 무한꽃차례, 유한꽃차례

• 무한화서(無限花序), indefinite inflorescence, ムゲンカジョ
• 유한화서(有限花序), definite inflorescence, ユウゲンカジョ

꽃차례의 형태는 매우 다양하지만, 크게 나누면 무한꽃차례와 유한꽃차례로 분류할 수 있다. 무한꽃차례는 꽃이 꽃줄기의 아래쪽에서 위쪽을 향해 피는 꽃차례이다. 이것은 꽃줄기가 자라는 동안에는 꽃이 무한히 필 수 있으므로, 이와 같은 이름이 붙여졌다. 형태학적으로는 총수꽃차례가 이에 속한다. 이에 대해 꽃이 꽃줄기의 위에서부터 아래쪽을 향해 피어나가는 꽃차례를 유한꽃차례라 한다. 형태학적으로는 집산꽃차례가 이에 속한다.

■ 총수꽃차례

• 총수화서(總穗花序), botrys, ソウスイカジョ

단일 꽃줄기에서 나온 여러 개의 가지가 각각 꽃을 피우는 것을 총수꽃차례라고 한다. 보통 총수꽃차례에는 꽃줄기의 밑부분에서 가까운 꽃부터 순서대로 피기 때문에 구심꽃차례求心花序라고도 불리지만, 개화순서가 반대인 경우도 있다.

또 무한꽃차례라는 용어를 총수꽃차례나 구심꽃차례와 같은 용어로 사용하는 경우도 있지만, 이 용어는 개화순서가 아니라 꽃줄기 선단에 꽃이 피지 않는 것을 나타내는 용어이고, 꽃줄기 선단에 꽃이 피는 총수꽃차례도 있다. 총수꽃차례에는 다음과 같은 종류가 있다.

❶ 총상꽃차례

- 총상화서(總狀花序), raceme, ソウジョウカジョ

총수꽃차례 가운데 가장 기본적인 형태로 길게 뻗은 꽃줄기에 다수의 꽃자루가 있는 꽃이 달리는 것. 콩과 등속, 냉이 등이 있다.

◀ 냉이
Capsella bursapastoris

| 총상꽃차례

❷ 이삭꽃차례 (광의)

- 수상화서(穗狀花序), spike, スイジョウカジョ

총상꽃차례와 비슷하지만 각각의 꽃에 꽃자루가 없는 것.

■ 이삭꽃차례

- 수상화서(穗狀花序), spike, スイジョウカジョ

꽃차례가 가늘고 거의 직립한 것. 질경이과

질경이속, 뽕나무과 뽕나무속 등이 있다.

◀ 질경이
Plantago asiatica

| 이삭꽃차례

■ 꼬리모양꽃차례

- 미상화서(尾狀花序), ament, ビジョウカジョ

긴 꽃줄기에 다수의 꽃 보통은 꽃덮이가 없는 단성화, 특히 수꽃을 아래로 늘어뜨린 꽃차례를 말한다. 가래나무과 가래나무속, 참나무과 밤나무속, 자작나무과 자작나무과, 버드나무과 등이 있다.

◀ 가래나무
Juglans mandshurica

| 꼬리모양꽃차례

◀ 공조팝나무
Spiraea cantoniensis

| 산방꽃차례

■ 육수꽃차례

• 육수화서(肉穗花序), spadix, ニクスイカジョ

수상꽃차례가 특수화한 것으로 꽃줄기가 다육화하여 꽃이 표면에 밀생한 것. 천남성과 토란 등이 있다. 특히 천남성과에서는 꽃차례를 싸고 있는 포를 불염포佛炎苞, spathe라고 부른다.

◀ 토란
Colocasia antiquorum

| 육수꽃차례

❸ 편평꽃차례

• 산방화서(散房花序), corymb, サンボウカジョ

총상꽃차례와 비슷하지만, 꽃줄기에 붙은 꽃자루의 길이가 위로 갈수록 짧아져서, 모든 꽃이 거의 평면 또는 반구면 상에 나란한 것. 불두화, 산사나무, 산벚나무 등이 있다.

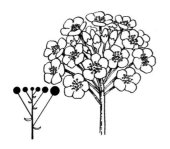

❹ 우산모양꽃차례

• 산형화서(傘形花序), umbel, サンケイカジョ

편평꽃차례와 비슷하지만, 마디 사이에 공간이 없고 꽃줄기 선단에서 꽃자루가 있는 여러 개의 꽃이 방사상으로 나 있는 것. 모든 꽃자루가 같은 길이라면 구상이고, 주변의 꽃자루가 길면 평면 혹은 접시모양이 된다. 백합과 부추속, 산형과 병풀속, 피막이속 등이 있다.

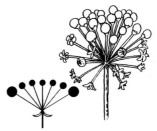

◀ 알리움 기간테움
Allium giganteum

| 산형꽃차례

❺ 머리모양꽃차례

• 두상화서(頭狀花序), capitulum, トウジョウカジョ

꽃줄기의 선단이 짧아서 원반 모양이고, 그 위에 꽃자루가 없는 꽃이 모여 있는 것으로 마치 하나의 꽃처럼 보인다. 국화과의 머리모양꽃차례는 보통 두 종류의 꽃이 있는데, 꽃차례 주변부에 있는 꽃은 혀모양꽃부리이고, 중심부에 있는 꽃은 통모양꽃부리이다. 이와는 달리, 한 종류의 꽃인 경우도 있는데, 국화과 민들레속에서는 혀모양꽃부리를 가진 꽃, 반대로 녹영Senecio rowleyanus에서는 통모양꽃부리를 가진 꽃만 있다.

◀ 쑥부쟁이
Aster yomena

| 머리모양꽃차례

■ 집산꽃차례

• 집산화서(集散花序), cyme, シュウサンカジョ

꽃줄기 선단의 생장점이 생장을 정지한 후 꽃이 달리고, 다시 그 밑의 가지가 신장하여 꽃이 달리는 것을 반복반복되지 않는 경우도 있다 하는 꽃차례로, 꽃이 꽃줄기 끝에 피기 때문에 유한꽃차례라고도 부른다.

또 꽃이 선단에서 아래를 향해 피기 때문에 원심꽃차례遠心花序라고도 부르지만 예외도 있다. 곁가지가 한 마디에 몇 개가 생기는가에 따라 단출집산꽃차례, 이출집산꽃차례, 다출집산꽃차례로 구분된다. 또 꽃줄기가 분지하지 않는 것은 홑꽃차례라고 부른다.

❶ 홑꽃차례

• 단정화서(單頂花序), uniflowered inflorescence, タンチョウカジョ

갈라지지 않은 줄기 끝에 단 하나의 꽃을 피우는 경우로 꽃차례를 만들지 않는 것이지만, 이것도 꽃차례의 일종이라고 생각하여 홑꽃차례라 부른다. 제비꽃과 제비꽃속, 앵초과 시클라멘속, 튤립 등이 있다.

◀ 제비꽃
Viola mandshurica

| 홑꽃차례

❷ 단출집산꽃차례

• 단출집산화서(單出集散花序), monochasium, タンシュツシュウサンカジョ

한 마디에 한 개의 곁가지가 생기는 꽃차례

로, 분지하는 방향에 따라 다음과 같이 분류
된다.

■ 권산꽃차례

• 권산화서(卷散花序), drepanium, カンサンカジョ

분지한 가지가 한 평면 내에서 소용돌이 모
양을 이루는 꽃차례를 말한다. 꽃마리, 꽈
리, 물망초 등이 있다.

◀ 꽃마리
Trigonotis
peduncularis

| 권산꽃차례

■ 달팽이모양꽃차례

• 와우형화서(蝸牛形花序), bostryx,
　カタツムリガタカジョ

같은 방향으로 직각되게 분지하여, 입체적
인 소용돌이 모양이 되는 꽃차례를 말한다.
백합과 원추리속 등이 있다.

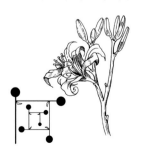

◀ 원추리
Hemerocallis fulva

| 달팽이모양꽃차례

■ 부채모양꽃차례

• 선상화서(扇狀花序), rhipidium, センジョウカジョ

한 평면 내에서 좌우교대로 분지하는 꽃차
례를 말한다. 극락조화 등이 있다.

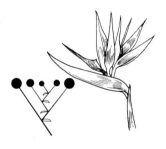

◀ 극락조화
Strelitzia reginae

| 부채모양꽃차례

■ 전갈모양꽃차례

• 전갈형화서(全蠍形花序), cincinnus,
　サソリジョウカジョ

좌우로 서로 직각되게 분지하여 입체적으로
되는 꽃차례를 말한다. 닭의장풀과 자주닭
개비속 등이 있다.

◀ 자주닭개비
Tradescantia reflexa

| 전갈모양꽃차례

❸ 이출집산꽃차례

- 이출집산화서(二出集散花序), dichasium,
  ニシュツシュウサンカジョ

한 마디에 곁가지가 두 개 생기는 것을 말한다. 미나리아재비과 으아리속, 베고니아과 베고니아속 등이 있다.

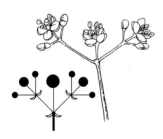

◀ 목성베고니아
Begonia spp.

| 이출집산꽃차례

❹ 다출집산꽃차례(광의)

- 다출집산화서(多出集散花序), pleiochasium,
  タシュウサンカジョ

한 마디에 세 개 이상의 곁가지가 생기는 것을 말한다.

■ **다출집산꽃차례**

- 다출집산화서(多出集散花序), pleiochasium,
  タシュウサンカジョ

마디사이나 꽃자루가 명확한 것을 말한다. 수국, 층층나무 등이 있다.

◀ 층층나무
Cornus controversa

| 다출집산꽃차례

■ **단산꽃차례**

- 단산화서(團散花序), glomerule,
  ダンサンカジョ

마디사이나 꽃자루가 짧고 분명하지 않은 것을 말한다. 쐐기풀과 물통이속, 연복초과 연복초속 등이 있다.

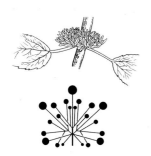

◀ 큰물통이
Pilea hamaoi

| 단산꽃차례

■ 잔모양꽃차례

· 배상화서(杯狀花序), cyathium,
　ハイジョウカジョ

꽃줄기와 총포가 변형하여 잔 모양 또는 항아
리 모양을 하고 있으며, 집산꽃차례의 특수한
형태라 할 수 있다. 항아리모양꽃차례壺狀花序
라고도 부른다. 대극과 대극속 등이 있다.

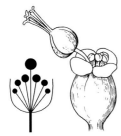

◀ 포인세티아
Euphorbia
pulcherrima

| 잔모양꽃차례

■ 무화과꽃차례

· 은두화서(隱頭花序), hypanthium,
　イントウカジョ

꽃줄기가 다육화하고, 가운데가 움푹 들어
간 항아리형으로 중앙에 작은 꽃이 여러 개
붙어 있다. 꽃가루받이에는 특정한 벌이 관
여하는 경우가 많다. 뽕나무과 무화과나무
속 등이 있다.

◀ 무화과나무
Ficus carica

| 무화과꽃차례

■ 복합꽃차례

· 복합화서(複合花序), compound inflore
scence, フクゴウカジョ

몇 개의 꽃차례가 결합된 꽃차례를 복합꽃
차례라 하며, 조합의 차이에 따라 다음과 같
이 분류한다.

■ 동형복합꽃차례

> • 동형복합화서(同形複合花序), isomorphous compound inflorescence, ドウケイフクゴウカジョ

같은 종류의 꽃차례가 결합된 것을 말한다. 이 경우, 총상꽃차례는 꽃차례 이름 앞에 '복複'을 붙여서 표현한다 윤산꽃차례는 예외. 대표적인 것으로는 다음과 같은 종류가 있다.

❶ 복총상꽃차례

> • 복총상화서(複總狀花序), compound raceme, フクソウジョウカジョ

총상꽃차례가 여러 개 모인 것으로 층층나무과 식나무속, 범의귀과 범의귀속 등이 있다.

◀ 식나무
Aucuba japonica

| 복총상꽃차례

❷ 복편평꽃차례

> • 복산방화서(複散房花序), compound corymb, フクサンボウカジョ

편평꽃차례가 여러 개 모인 것을 말한다. 돈나무과 돈나무속, 장미과 마가목속 등이 있다.

◀ 돈나무
Pittosporum tobira

| 복편평꽃차례

❸ 복우산꽃차례

> • 복산형화서(複傘形花序), compound umbel, フクサンケイカジョ

우산모양꽃차례가 여러 개 모인 것을 말한다. 미나리아재비과 황련속, 대부분의 산형과 등이 이에 속한다.

◀ 신선초
*Angelonia
angustifolia*

| 복우산꽃차례

❹ 복이삭꽃차례

> • 복수상화서(複穗狀花序), compound spike, フクスイジョウカジョ

이삭꽃차례가 여러 개 모인 것을 말한다. 보리, 벼과 개밀속, 호밀풀속 등이 있다.

◀ 쥐보리
Lolium multiflorum

| 복이삭꽃차례

❺ 복집산꽃차례

> • 복집산화서(複集散花序), compound cyme,
> フクシュウサンカジョ

집산꽃차례가 여러 개 모인 것을 말한다. 마타리과 마타리속, 꼭두서니과 꼭두서니속 등이 있다.

◀ 마타리
Patrinia scabiosaefolia

| 복집산꽃차례

❻ 윤산꽃차례

> • 윤산화서(輪散花序), verticillaster,
> リンサンカジョ

마주나는 잎의 겨드랑이에 꽃자루가 길지 않은 이출취집산꽃차례가 붙는 경우를 말한다.

마디 주위를 꽃이 둘러싼 것처럼 보이는 것으로, 두 개의 꽃차례를 합쳐서 윤산꽃차례라고 부른다. 익모초, 송장풀 등이 있다.

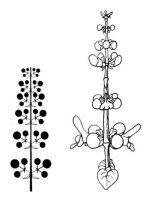

◀ 송장풀
Leonurus macranthus

| 윤산꽃차례

■ 이형복합꽃차례

> • 이형복합화서(異形複合花序), heteromorphous compound inflorescence, イケイフクゴウカジョ

두 종류 이상의 꽃차례가 결합된 것을 이형복합꽃차례라 한다. 이 경우에는 머리모양꽃차례가 총상으로 모여 있으면 머리모양총상꽃차례라고 하는 것처럼, 작은 부분의 꽃차례 이름 뒤에 전체 양식의 이름을 붙여서 표현한다.

❶ 우산총상꽃차례

> • 산형총상화서(傘形總狀花序), umbele-raceme, サンケイソウジョウカジョ

우산모양꽃차례가 총상에 배열된 것. 독활, 송악, 팔손이 등이 있다.

◀ 송악
Hedera rhombea

| 우산총상꽃차례

❷ 권산총상꽃차례

• 권산총상화서(卷散總狀花序), drepanium-raceme, カンサンソウジョウカジョ

권산꽃차례가 총상으로 배열된 것. 칠엽수,
미국칠엽수 등이 있다.

◀ 파비아칠엽수
Aesculus pavia

| 권산총상꽃차례

❸ 두상총상꽃차례

• 두상총상화서(頭狀總狀花序), capitulum-raceme, トウジョウソウジョウカジョ

머리모양꽃차례가 총상으로 배열된 것. 국
화과 곰취속 등이 있다.

◀ 곰취
Ligularia fischeri

| 두상총상꽃차례

❹ 두상수상꽃차례

• 두상수상화서(頭狀穗狀花序), capitulum-spike, トウジョウスイジョウカジョ

머리모양꽃차례가 수상으로 배열된 것. 국
화과 단풍취속 등이 있다.

◀ 단풍취
Ainsliaea acerifolia

| 두상수상꽃차례

❺ 두상산방꽃차례

• 두상산방화서(頭狀散房花序), capitulum-corymb, トウジョウサンボウカジョ

머리모양꽃차례가 산방散房상으로 배열된
것. 각시취, 구와취 등이 있다.

❻ 수상두상꽃차례

• 수상두상화서(穗狀頭狀花序), spike-capitulum, スイジョウトウジョウカジョ

이삭꽃차례가 두상으로 배열된 것. 올챙이
고랭이, 솔방울고랭이 등이 있다.

❼ 수상총상꽃차례

• 수상총상화서(穗狀總狀花序), spike-raceme, スイジョウソウジョウカジョ

이삭꽃차례가 총상으로 배열된 것. 사초과
사초속의 대부분이 이에 속한다.

❽ 밀추꽃차례

• 밀추화서(密錐花序), thyrse, ミッスイカジョ

이출집산꽃차례가 총상으로 배열된 것. 꿀
풀과 향유속 등이 있다.

보다 길어서 꽃차례 전체가 원추형인 것. 대부분의 총상꽃차례가 여기에 해당한다.

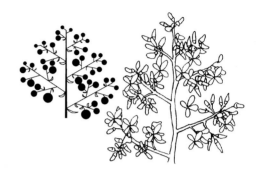

◀ 향유
Elsholtzia ciliata

| 밀추꽃차례

◀ 나무수국
Hydrangea paniculata

| 원추꽃차례

❾ 원추꽃차례

• 원추화서(圓錐花序), panicle, エンスイカジョ

복합꽃차례 중에서 가지의 분기 횟수나 길이를 불문하고, 아래쪽의 가지가 위쪽 가지

식물 이야기　　세계에서 가장 작은 수련

피그미 르완다 수련
Nymphaea thermarum

© C T Johansson

피그미 르완다 수련은 잎의 지름이 가장 작은 일반종 수련의 1/10에 불과한 1cm 정도이다. 흰 꽃에 노란 수술을 가진 이 수련은 아프리카 르완다의 마쉬우자에 있는 어느 온천 주변에서만 살았는데, 주민들이 농지를 얻으려고 온천을 메우면서 야생 환경에서는 2008년에 멸종했다.

그러나 1987년 독일 식물학자 에버하르트 피셔는 온천의 습지에서 이 수련을 발견하고 종자와 표본 몇 점을 채집해서 독일의 본 식물원에 보냈다. 멸종 전 수집된 종자와 표본은 독일 본 식물원에서 보존되다가, 2009년 영국 큐가든이 본 식물원의 요청을 받아 처음으로 증식에 성공했다. 현재 본 식물원과 큐가든에서만 50촉 정도 보존되고 있다.

PART 02

열매와 종자

■ 열매

• 과실(果實), fruit, カジツ

종자식물 중에서 씨방을 가지고 있는 속씨식물의 꽃이 꽃가루받이受粉를 하여 발달한 기관을 열매라 하며, 일반적으로 밑씨가 발달해서 생긴 종자를 포함한다. 대부분 암술의 밑부분인 씨방이 발달한 것이지만, 종류에 따라서는 꽃받기나 꽃덮이 등의 암술 이외의 부분 또는 포나 꽃자루 등 꽃 이외의 부분이 합쳐진 것도 있다.

열매는 씨방을 가진 속씨식물만 가질 수 있으며, 겉씨식물에서는 열매와 비슷한 기관을 가지지만 이것은 열매는 아니다.

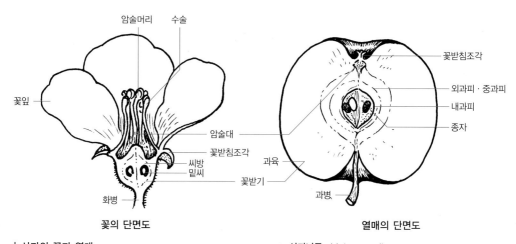

| 사과의 꽃과 열매

▲ 사과나무 *Malus pumila*

■ 열매껍질

• 과피(果皮), pericarp, カヒ

씨방의 바깥쪽을 구성하는 씨방벽이 발달한 부분을 열매껍질이라 하며, 보통 그 속에 종자를 포함하고 있다. 열매껍질을 2개의 층으로 구분할 때, 외층은 외과피外果皮, exocarp, 내층은 내과피內果皮, endocarp라고 한다. 내과피가 육질 또는 다즙질인 경우 이것을 과육果肉, sarcocarp라 한다. 열매껍질이 3개의 층인 경우, 가운데 층을 중과피中果皮, mesocarp라고 한다.

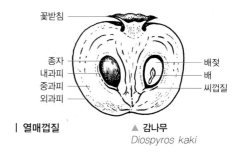

| 열매껍질

▲ 감나무
Diospyros kaki

■ 핵

• 핵(核), stone, カク

열매껍질이 내과피, 중과피, 외과피로 되어
있을 때, 내과피가 경화한 것을 특히 핵이라
하고 핵 내부에 종자가 들어 있다.

복숭아의 식용하는 부분과 코코야자의 열매
를 싸고 있는 섬유층은 중과피이며, 내과피
는 핵에 해당한다.

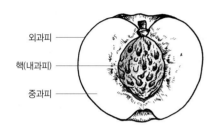

외과피
핵(내과피)
중과피

| 핵

▲ 복사나무
Prunus persica

■ 과병, 과경

• 과병(果柄), pedicle, カヘイ
• 과경(果梗), peduncle, カコウ

열매의 자루를 과병이라 하며, 2개 이상의
열매에 공통된 자루를 과경이라 한다. 그러
나 대부분 과병과 과경을 구별하지 않고 열
매자루fruit stalk라고 부르는 경우가 많다.

◀ 팔손이
Fatsia japonica

| 과병

■ 결실

• 결실(結實), fructification, ケツジツ

꽃가루받이受粉, pollination에 의해 씨방이 비
대해지고, 정받이受精, fertilization에 의해 밑
씨가 발달하여 열매 내에 종자가 형성되는
과정을 결실이라 한다. 따라서 일반적으로
종자는 열매 안에 들어 있다.

■ 단위결실

• 단위결실(單爲結實), parthenocarpy,
タンイケツジツコウ

속씨식물이 정받이를 하지 않고 씨방이 발
달하여 열매가 되는 현상을 말하며, 단위결
과單爲結果라고도 한다. 이 열매에는 종자가
들어있지 않다.

바나나나 파인애플 등은 자연적으로 단위결
실된 것이지만, 씨없는 포도나 수박 등은 인
위적으로 종자가 없는 열매를 만든 것이다.

◀ 파인애플
Ananas comosus

| 단위결실

◀ 수박
Citrullus vulgaris

| 단위결실 씨없는 수박

■ 참열매, 헛열매

- 진과(眞果), true fruit, シンカ
- 위과(僞果), false fruit, ギカ

씨방만이 발달하여 열매가 된 것을 참열매라 하며, 대부분의 열매는 여기에 속한다.

참열매는 씨방상위꽃 또는 씨방중위꽃에서 유래하는 것이 많다. 이에 대해, 씨방 이외의 다른 기관꽃받기, 꽃덮이, 포, 꽃자루 등이 더해져서 생긴 열매를 헛열매라고 한다. 씨방하위꽃에서 유래하는 열매는 씨방뿐 아니라, 이를 둘러싸고 있는 꽃받기도 발달하여 열매를 만들기 때문에 모두 헛열매이다. 양딸기나 석류 등은 꽃받기, 파인애플이나 무화과 등은 꽃자루, 배나 사과 등은 꽃받침이 발달한 것이다.

홑열매인 이상과梨狀果, 과상과瓜狀果 그리고 집합열매, 복합열매가 헛열매에 속한다.

◀ 사과나무
Malus pumila

| 헛열매
꽃받기와 꽃받침이 함께 발육하여 열매가 된 것

◀ 석류나무
Punica granatum

| 헛열매
꽃받기가 발육하여 열매가 된 것

■ 단화과, 다화과

- 단화과(單花果), monothalamic fruit, タンカカ
- 다화과(多花果), multiple fruit, タカカ

하나의 열매가 하나의 꽃의 씨방 또는 씨방군에서 유래하는 것을 단화과라 한다.

참열매는 모두 단화과이지만, 단화과가 반드시 참열매는 아니다. 헛열매인 장미과 짚신나물속과 오이풀속의 열매는 단화과에 속한다. 이에 대해 하나의 열매가 여러 개의 꽃의 씨방 또는 씨방군에서 유래하는 것을 다화과 또는 복합열매라고 한다. 자작나무과 자작나무속과 서어나무속, 뽕나무과 뽕나무속과 무화과나무속은 다화과에 속한다.

◀ 자작나무
Betula platyphylla
var. *japonica*

| 다화과

◀ 뽕나무
Morus alba

| 다화과

■ 홑열매, 집합열매

- 단과(單果), simple fruit, タンカ
- 집합과(集合果), aggregate fruit, シュウゴウカ

단화과 중에서 열매가 하나의 단일씨방 또는 하나의 복합씨방에서 유래하는 것을 홑열매, 여러 개의 단일씨방에서 유래하는 것을 집합열매라고 한다.

예를 들어, 콩과의 열매는 단일씨방에서 유래하는 홑열매이며, 감나무의 열매는 복합씨방에서 유래하는 홑열매이다. 이에 대해, 미나리아재비과 미나리아재비속, 장미과 딸기속 등의 열매는 불특정 다수의 단일씨방에서 유래하는 집합열매이고 참열매이다.

◁ 주엽나무
Gleditsia japonica

| 홑열매
　단일씨방이 열매가 된 것.

◁ 백목련
Magnolia denudata

| 집합열매
　여러 개의 단일씨방이 열매가 된 것.

■ 간생과

- 간생과(幹生果), trunciflora, カンセイカ

굵은 줄기나 가지에 피는 간생화幹生花가 발달하여 열매가 된 것을 간생과라고 한다. 빵나무, 카카오 등에서 볼 수 있다.

◁ 카카오
Theobroma cacao

| 간생과
　나무줄기에 열매가 열려있다.

■ 열매차례

- 과서(果序), infructescence, カジョ

꽃차례의 꽃이 발달하여 열매가 된 것을 열매차례라고 한다. 여러 개의 씨방에서 유래하는 복합열매는 열매차례이기도 하다.

■ 건과, 다육과

- 건과(乾果), dry fruit, カンカ
- 다육과(多肉果), sap fruit, タニクカ

열매가 익으면 열매껍질이 말라서 목질 또는 혁질이 되는 열매를 건과라 한다. 이에 대해 다육다즙한 열매를 다육과라 한다.

◀ 자귀나무
Albizzia julibrissin

| 건과
익으면 열매껍질이 마르는 열매

◀ 광귤
Citrus aurantium

| 다육과
다육다즙한 열매

■ 열개과, 폐과

- 열개과(裂開果), dehiscent fruit, レッカイカ
- 폐과(閉果), indehiscent fruit, ヘイカ

건과 중에서 열매가 익었을 때, 열매껍질이 터지는 열매를 열개과, 터지지 않는 열매를 폐과라고 한다.

다육과는 보통 갈라지지 않지만, 드물게 제스네리아과 코도난테속*Codonanthe*처럼 익었을 때에 터지는 다육질의 삭과도 있다.

◀ 철쭉
Rhododendron schlippenbachii

| 열개과
익었을 때 열매껍질이 터지는 것.

◀ 당단풍나무
Acer pseudosieboldianum

| 폐과
익어도 열매껍질이 터지지 않는 것.

■ 열개과

❶ 삭과

- 삭과(蒴果), capsule, サクカ

열매의 속이 여러 칸으로 나뉘어져서 각 칸 안에 종자가 들어 있는 열매를 삭과라 한다.

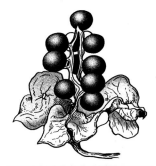

◀ 범부채
Belamcanda chinensis

| 삭과

■ **장각과**

• 장각과(長角果), silique, チョウカクカ

이심피성 삭과로, 사이에 격막이 있어서 익으면 세로로 길게 2조각으로 갈라지는 것. 십자화과에서 흔하게 볼 수 있다.

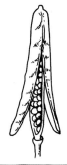

◀ 개갓냉이
Rorippa indica

| 장각과

■ **단각과**

• 단각과(短角果), silicle, タンカクカ

장각과와 거의 비슷하지만, 길이가 폭의 2, 3배 이하인 것. 십자화과 냉이속 등에서 볼 수 있다.

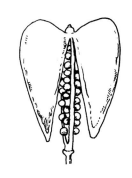

◀ 말냉이
Thlaspi arvense

| 단각과

■ **개과**

• 개과(蓋果), pyxis, ガイカ

열매가 익으면 윗부분이 갈라져서 뚜껑처럼 떨어져 나가는 것. 쇠비름과 쇠비름속 등에서 볼 수 있다.

◀ 질경이
Plantago asiatica

| 개과

◀ 목련
Magnolia kobus

| 대과(집합과)

❷ 대과

• 대과(袋果), folicle, タイカ

일심피씨방이 성숙하여 내봉선 또는 외봉선으로 갈라지는 것으로 골돌과 胥葖果라고도 한다. 미나리아재비과, 목련과 등에서 흔하게 볼 수 있다.

❸ 두과

• 두과(豆果), legume, トウカ

일심피씨방이 성숙하여 보통 2개의 봉선으로 갈라지는 것. 콩과 식물의 전형적인 열매로 협과 莢果라고도 한다. 콩과에 주로 볼 수 있다.

| 두과

▲ 자귀나무
Albizzia julibrissin

◀ 계수나무
Cercidiphyllum japonicum

| 대과

■ 폐과

건과 중에서 익었을 때 열매껍질이 터지지 않는 열매를 폐과라고 한다.

❶ 수과

• 수과(瘦果), achene, ソウカ

열매껍질이 얇고 딱딱하며, 그 속에 하나의 종자를 포함하고 있으며, 한 곳에서 열매껍질과 붙어 있다. 마치 종자처럼 보이며 국화과, 마타리과 등에서 볼 수 있다.

갓털

열매

◀ 민들레
Taraxacum
platycarpum

| 수과

❷ 영과

- 영과(穎果), caryopsis, エイカ

수과와 비슷하지만 열매껍질과 종자가 합착하여 분리되지 않는 것으로, 곡과穀果라고도 한다. 벼의 경우는 현미의 상태가 영과이며, 마치 종자처럼 보인다.

◀ 벼
Oryza sativa

| 영과

❸ 포과

- 포과(胞果), utricle, ホウカ

2, 3심피성에서 열매껍질이 종자껍질과 분리되는 하나의 종자를 싸고 있는 열매를 말한다. 명아주과, 청비름, 개비름 등에서 볼 수 있다.

◀ 개비름
Amaranthus lividus

| 포과

❹ 견과

- 견과(堅果), nut, ケンカ

딱딱한 목질의 열매껍질을 가진 1실室의 열매로, 그 안에 하나의 종자가 들어있다. 대부분 포가 발달하여 생긴 깍정이殼斗가 열매의 밑부분 혹은 전부를 덮고 있다.
가시나무류, 참나무속, 밤나무속 등에서 볼 수 있다.

◀ 밤나무
Castanea crenata

| 견과

⑤ 시과

• 시과(翅果), samara, シカ

열매껍질의 일부가 편 날개 모양으로 붙어 있는 열매로, 익과翼果라고도 한다. 단풍나무과, 느릅나무과 등에서 볼 수 있다.

◀ 자귀풀
Aeschynomene indica

| 절과

⑦ 분리과

• 분리과(分離果), schizocarp, ブンリカ

다수의 씨방으로 되어 있어서 익으면 각 심피마다 떨어지는 것. 분리된 각 부분은 분과라 부르며, 종자처럼 보인다. 꿀풀과, 산형과 등에서 볼 수 있다.

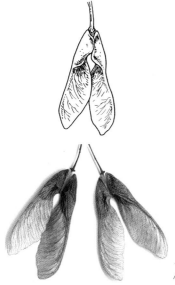

◀ 단풍나무
Acer palmatum

| 시과

⑥ 절과

• 절과(節果), loment, セツカ

두과荳果와 비슷하지만 열리지 않고 1실室마다 가로로 갈라져서 떨어지는 것으로, 분절과分節果라고도 한다. 콩과 도둑놈의갈고리속*Desmodium* 등에서 볼 수 있다.

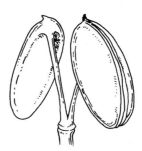

◀ 초피나무
Zanthoxylum piperitum

| 분리과

■ 액과

• 액과(液果), sap fruit, エキカ

열매껍질 중에서 외과피는 얇지만, 중과피와 내과피가 다육과즙하고 다소 딱딱한 종자를 포함하고 있는 것. 포도과, 토마토, 양다래 등에서 볼 수 있다.

❶ 장과

• 장과(漿果), berry, ショウカ

내과피와 중과피가 모두 다육질 또는 육질이며, 일심피인 것과 다심피인 것이 있다. 일심피인 것을 단장과, 다심피인 것을 복장과라고 한다. 오미자과, 매자나무과 매자나무속, 뿔남천속 등은 단장과이고, 포도과나 가지과 가지속 등은 복장과이다.

■ 단장과

• 단장과(單漿果), simple berry, タンショウカ

장과 중에서 일심피인 것. 오미자과, 매자나무과 매자나무속, 뿔남천속 등이 있다.

◀ 남오미자
Kadsura japonica

| 단장과

■ 복장과

• 복장과(複漿果), compound berry, フクショウカ

장과 중에서 다심피인 것. 포도과, 가지과 가지속 등이 있다.

■ 귤상과

• 귤상과(橘狀果), hesperidium, ミカンジョウカ

외과피는 질이 치밀하고 강하며, 중과피는 부드러운 해면질이고, 내과피는 막질膜質의 많은 주머니로 이루어져 있어서 거기에 과즙을 담고 있는 것. 감과柑果라고도 하며, 운향과 귤속 등에서 볼 수 있다.

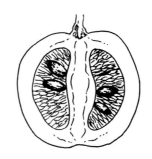

◀ 귤
Citrus unshiu

| 귤상과

■ 과상과

• 과상과(瓜狀果), pepo, ウリジョウカ

외과피는 딱딱하고, 중과피와 내과피에 수분이 많은 액질의 조직이 들어있는 것으로, 박과의 씨방하위꽃을 가진 것에서 볼 수 있다. 박과 오이속, 수박, 멜론 등이 이에 속한다.

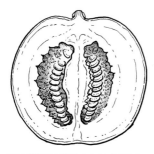

◀ 멜론
Cucumis melo

| 과상과

② 핵과

• 핵과(核果), drupe, カクカ

중과피는 다육다즙하고, 내과피가 딱딱한 핵으로 되어 있어서, 그 속에 한 개의 종자를 포함하고 있다. 석과石果라고도 하며 매실나무, 복사나무 등에서 볼 수 있다.

◀ 매실나무
Prunus mume

| 핵과

③ 소핵과

• 소핵과(小核果), drupelet, ショウカクカ

열매도 핵도 작은 일심피성이며, 집합열매를 형성한다. 장미과 산딸기속에서 볼 수 있다.

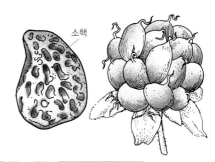

소핵

◀ 멍석딸기
Rubus parvifolius

| 소핵과

■ 집합열매

• 집합과(集合果), aggregate fruit, シュウゴウカ

1개의 꽃 속에 여러 개의 암술로 이루어진 2개 이상의 열매가 모여 하나의 열매처럼 된 것으로, 취과聚果라고도 한다. 이것을 참열매와 홑열매를 기본으로 열매의 구성요소를 고려하면 몇 가지 조합이 나온다.

■ 열매의 모양과 상호관계

	단화과			다화과
	홑열매		집합열매	(복합열매)
참열매	삭과 포과 두과 영과	견과 분리과 절과	수과 대과 장과 핵과	집합수과 집합대과 집합장과 집합핵과	
헛열매		이상과 기타		장미상과 딸기상과 연꽃상과	스트로빌 뽕나무상과 무화과상과

❶ 참열매 집합열매

하나의 꽃턱에 여러 개의 작은 참열매가 집합하여 한 개의 열매처럼 보이는 것. 열매의 대부분이 참열매이다.

■ 집합수과

• 집합수과(集合瘦果), etaerio of achenes, シュウゴウソウカ

여러 개의 수과가 집합한 것. 미나리아재비과 미나리아재비속, 장미과 뱀무속 등이 있다.

■ 집합대과

• 집합대과(集合袋果), etaerio of follicles, シュウゴウタイカ

여러 개의 대과가 집합한 것. 붓순나무과, 목련과 목련속 등이 있다.

■ 집합장과

• 집합장과(集合漿果), etaerio of berries, シュウゴウショウカ

여러 개의 장과가 집합한 것. 오미자과 오미자속, 남오미자속 등이 있다.

■ 집합핵과

• 집합핵과(集合核果), etaerio of drupelets, シュウゴウカクカ

여러 개의 소핵과가 집합한 것. 장미과 산딸기속 등이 있다.

❷ 헛열매 집합열매

하나의 꽃턱에 여러 개의 작은 참열매가 집합한 것. 꽃턱이 비대화하여 열매의 대부분을 차지하고 있다.

■ 장미상과

• 장미상과(薔薇狀果), cynarrhodium, バラジョウカ

항아리 모양의 꽃받기가 비대해져서, 그 속에 몇 개의 수과瘦果가 들어있다. 장미과 장미속 등에서 볼 수 있다.

◀ 해당화
Rosa rugosa

| 장미과

■ 딸기상과

• 딸기상과(-狀果), berry, イチゴジョウカ

꽃턱이 비대해져서 다육질의 열매 모양이
된 것으로, 그 표면에 많은 수과가 있다. 장
미과 딸기속, 뱀딸기속 등에서 볼 수 있다.

◀ 딸기
Fragaria ananassa

| 장과

■ 연꽃상과

• 연꽃상과(蓮-狀果), nelumboid, ハスジョウカ

꽃받기花床가 깔때기 모양이고, 성숙하면 윗
면에 여러 개의 구멍이 생겨, 그 속에 견과
가 한 개씩 들어 있는 것. 연꽃과 등에서 볼
수 있다.

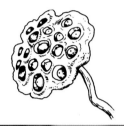

◀ 연꽃
Nelumbo nucifera

| 연꽃과

❸ 헛열매 홑열매

하나의 꽃의 각 부분이 비대화하여 헛열매
가 된 것.

■ 이상과

• 이상과(梨狀果), pome, ナシジョウカ

여러 개의 씨방을 포함하는 꽃받기가 비대
해져 다육화한 열매로 장미과 사과속, 배속
등에서 볼 수 있다.

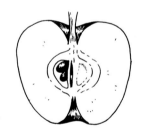

◀ 사과나무
Malus pumila

| 이상과

■ 기타

악통尊筒의 밑부분이 잘록해져서 씨방을 감
싸서 장과상으로 비대화한 것 보리수나무과 보리
수나무속, 꽃받침조각이 비후하여 그 속에 삭
과를 포함한 것, 악통이 성장하여 그 속에
수과를 포함한 것 등이 있다.

■ 복합열매

- 복합과(複合果), multiple fruit, フクゴウカ

두 개 이상의 꽃에서 생긴 열매가 서로 유합
하여 한 개의 열매처럼 된 것으로, 모두 헛
열매이다.

❶ 스트로빌

- strobile, ストロビル

수과 또는 소견과가 건조하여 나선 모양으
로 배열되어 있으며, 열매차례 전체가 구과
상球果狀으로 된 것. 자작나무과 자작나무속,
오리나무속, 서어나무속 등이 있다.

◀ 오리나무
Alnus japonica

| 스트로빌

❷ 무화과상과

- 무화과상과(無花果狀果), synconium,
  イチジクジョウカ

무화과꽃차례의 꽃받기가 다육질의 항아리
모양으로 변하여, 그 속에 여러 개의 작은
열매가 들어 있는 것. 뽕나무과 무화과속에
서 볼 수 있다.

식물 이야기　　　　　　　2천 년 전의 연꽃을 꽃피우다

© pontanegra

대하련(大賀蓮)
Nelumbo nucifera 'Ogahasu'

종자는 부적합한 환경을 견디면서 오랫동안 생존할 수 있다. 오랫동안
생존한 종자로는 1951년 일본의 다이카이치로(大賀一郎) 박사가 지하
3.7m에서 약 2천 년 전의 연꽃종자를 발견하고 그것을 발아시켜 꽃을
피우고 열매를 맺게 한 대하련이 있다.

❸ 뽕나무상과

- 뽕나무상과(–狀果), sorosis, クワジョウカ

다육질 또는 액질의 복합열매. 열매 하나하
나는 꽃받침이 비후하여 수과를 싸고 있는
헛열매이다. 뽕나무과 뽕나무속, 닥나무속
에서 볼 수 있다.

◀ 무화과나무
Ficus carica

| 무화과과

04 겉씨식물의 열매

열매는 속씨식물의 씨방과 그 주변기관이
발달한 것으로, 엄밀히 말하면 씨방을 가진
속씨식물만이 열매를 만들 수 있다. 그러나
겉씨식물에서는 종자를 둘러싸고 발달한 기
관을 열매라고 부르기도 한다. 침엽수류인
소나무과나 삼나무과 등에서 볼 수 있는 솔
방울 모양의 구과球果나 은행나무의 열매는
열매처럼 보이지만, 실제로 열매는 아니다.

◀ 은행나무
Ginkgo biloba

| 나자식물의 열매
은행나무 열매는 엄밀하게 말하면 열매는 아니다.

■ 구과

- 구과(球果), strobile, キユウカ

하나의 목질화된 축에 여러 개의 목질화된
인편이 붙어서 구형 또는 타원체의 구조를
가진다. 소나무류의 솔방울이나 다른 침엽

수류의 그것에 해당하는 것으로 겉씨식물의 낙우송과, 측백나무과의 열매가 그 예이다.

◀ 일본잎갈나무
Larix kaempferi

| 구과

된 것. 주목과 주목속에서는 장과漿果 모양, 주목과 비자나무속에서는 핵과核果 모양의 가종피과를 만든다.

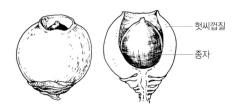

헛씨껍질

종자

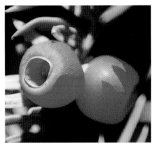

◀ 주목
Taxus cuspidata

| 가종피과

■ 종린, 포린

- 종린(種鱗), ovuliferous scale, シュウリン
- 포린(苞鱗), bract scale, ホウリン

구과는 하나의 목질화한 축에 여러 개의 목질화한 인편이 나선상 또는 십자대생으로 붙은 것을 말한다. 이들 인편은 보통 종린과 포린의 내외 두 개의 인편이 유합하여 된 것으로, 이들 둘을 합쳐서 과린果鱗, seminiterous scale 또는 종린복합체種鱗複合體라고 한다.

■ 가종피과

- 가종피과(假種皮果), arillocarpium, カシュウカ

밑씨가 성숙함에 따라 태좌가 비후화하여 헛씨껍질이 되어, 종자를 감싸서 열매처럼

■ 헛씨껍질

- 가종피(假種皮), aril, カシュウ

밑씨가 붙어있는 부분의 주위가 특히 발달하여 종자의 일부 또는 전부를 감싸는 것으로, 종의種衣라고도 한다.

두리안*Durio zibethinus*은 종자를 감싸고 있는 생크림 같은 흰 육질이 헛씨껍질이며, 이 부분을 식용한다. 열대과일인 패션프루트*Passiflora edulis*도 종자 주위에 있는 젤리 모양의 등황색 반투명체가 헛씨껍질이다.

헛씨껍질은 보통 씨껍질보다 부드럽고, 열대·아열대 원산의 식물에 많아서 새나 대형 동물의 먹이가 되기 때문에 종자를 멀리까지 퍼트리는데 도움이 된다.

종자

헛씨껍질

◀ 두리안
Durio zibethinus

| 헛씨껍질
흰 육질의 헛씨껍질 부분을 식용한다.

◀ 주목
Taxus cuspidata

| 헛씨껍질
종자가 헛씨껍질에 싸여있다.

■ 종자과

• 종자과(種子果), seminicarpium, シュシカ

은행나무과, 소철과, 개비자나무과와 같이 외종피의 외층이 비후하여 육질이 되어, 핵과核果처럼 보이는 것을 종자과라고 한다.

---

05 종자

■ 종자

• 종자(種子), seed, シュシ

종자식물에서 꽃가루받이受粉 후에 밑씨가 발달한 것이 종자이다. 종자의 기능은 배胚를 어미식물과 다른 곳에 살포하여 종의 보존을 도모하는 것이다. 발아에 적당한 조건에 되더라도 발아하지 않는 종자가 있는데, 이러한 종자를 휴면상태에 있다고 한다. 휴면은 종자가 일제히 발아하는 것을 막는 좋은 장치이며, 야생식물에서 종자는 성숙함과 동시에 휴면상태에 들어가는 것이 일반적이다. 원예상 열매이면서 종자로 취급되는 것

으로는 국화과의 수과, 꿀풀과의 분리과, 벼과의 영과 등이 있다. 종자는 일반적으로 종자껍질, 배, 배젖으로 구성되어 있다.

겉씨식물은 열매를 만들지 않지만, 소철이나 은행나무와 같은 종자는 열매 모양을 하고 있다.

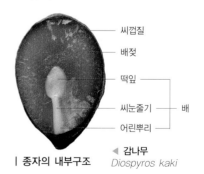

씨껍질

배젖

떡잎

씨눈줄기 ┐
            ├ 배
어린뿌리 ┘

| 종자의 내부구조

◀ 감나무
Diospyros kaki

■ 종자껍질

• 종피(種皮), seed coat, シュヒ

종자의 주위를 덮고 있는 피막을 종자껍질 또는 씨껍질이라 한다. 속씨식물 중에서 쌍떡잎식물의 갈래꽃류와 외떡잎식물에서는 보통 2장으로 되기 때문에, 외종피 外種皮, outer seed coat와 내종피 內種皮, inner seed coat로 구분한다. 속씨식물 중 쌍떡잎식물의 통꽃류와 겉씨식물에서는 보통 1장이다. 종자껍질은 배와 배젖을 보호하고, 발아할 때 물을 흡수하는 역할을 한다. 종자껍질이 불투수성이어서 물을 흡수하지 않는 종자를 경실 硬實, hard seed이라 하며, 콩과의 작은 종자나 나팔꽃 등에서 볼 수 있다. 경실은 그대로는 물을 흡수하지 않으므로 종자에 상처를 내어 파종하는데, 이 작업을 경실처리라고 한다.

◀ 나팔꽃
Pharbitis nil

| 경실

■ 배

• 배(胚), embroy, ハイ

밑씨 속에서 수정란이 종자로 성숙할 때까지, 종자 내에서 어느 정도까지 발달하여 휴면하고 있는 부분을 배라고 한다. 일반적으로 어린뿌리, 씨눈줄기, 떡잎, 상배축으로 구성되어 있다. 보통 1개의 종자 안에는 1개의 배가 만들어지며, 2개 이상의 배가 만들어지는 현상을 다배현상 多胚現象, polyembryony이라고 한다. 운향과 귤속, 망고 등에서 볼 수 있으며, 발아하면 여러 개의 어린식물 幼植物, seedling이 된다.

■ 어린뿌리

• 유근(幼根), radicle, ヨウコン

씨눈줄기의 하단에 있으며, 종자가 발아하여 생장하면 원뿌리 主根가 된다.

■ 씨눈줄기

• 배축(胚軸), hypocotyl, ハイジク

배의 축이 되는 원주 모양의 부분으로, 상단에 떡잎과 상배축이 있고 하단에 어린뿌리가 붙어 있다.

■ 떡잎

• 자엽(子葉), cotyledon, シヨウ

배의 일부를 이루는 어린잎 幼葉으로 겉씨식물에서는 2장 또는 여러 개가 있으며, 속씨식물의 쌍떡잎식물은 보통 2장, 외떡잎식물에서는 1장이 있다. 발아할 때 필요한 양분을 저장하는 장소가 주로 떡잎인 종자를 떡잎종자 子葉種子 라고 한다.

■ 상배축

• 상배축(上胚軸), epicotyl, ジョウハイジク

떡잎보다 위에 있으며, 어린눈을 붙인 어린줄기를 말한다.

■ 배젖

• 배유(胚乳), albumen, ハイニュウ

배의 발육과 발아에 필요한 양분을 저장하는 조직을 배젖이라고 한다. 콩과 외에, 장미과나 참나무과 등에서는 종자형성 도중에 배젖이 점차 붕괴·소실하여 발달하지 않고, 그 대신 배 속의 떡잎에 양분을 저장해 둔다. 난초과에서는 배젖이 없고 떡잎도 발달하지 않으므로 저장양분을 거의 가지고 있지 않으며, 발아시의 양분을 토양 중의 난균蘭菌에 의존하고 있다. 이처럼 배젖이 없는 종자를 무배유종자無胚乳種子, exalbuminous seed라 하며, 이에 대해 배젖이 있는 종자를 유배유종자有胚乳種子, albuminous seed라고 한다.

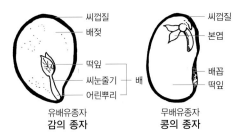

유배유종자
감의 종자

무배유종자
콩의 종자

■ 배꼽

- 제(臍), hilum, ヘソ

밑씨가 씨방과 붙어 있던 곳이 종자의 표면에 흔적으로 남아있는 것을 배꼽이라 한다. 콩류에서 흔히 보이며, 잠두Vicia faba에서는 크고 검정색을 띤다.

◀ **잠두**
Vicia faba

| 배꼽

■ 태생종자

- 태생종자(胎生種子), viviparous seed, タイセイシュシ

일반적으로 종자는 성숙하면 어미식물에서 이탈하여 지상에 떨어져서 발아한다. 그러나 예외적으로 맹그로브 종류인 수홍수 Bruguiera gymnorrhiza나 암홍수Kandelia obovata 등에서는 종자가 어미식물에 붙은 채로 뿌리나 잎이 신장하여 어린식물이 된다. 이러한 종자를 태생종자라고 한다. 맹그로브는 해수와 담수가 섞인 습지에 사는데, 이런 장소는 보통 종자의 발아에 적합하지 않다. 따라서 종자를 소금물로부터 지키기 위해 어린식물을 어미식물에서 어느 정도 키운 후에, 어미식물에서 분리하여 계속 성장시키는 것이다.

태생종자

◀ **암홍수**
Kandelia obovata

| 태생종자

식물 이야기 **세계에서 가장 큰 종자**

세이셸야자
Lodoicea
maldivica

식물계에서 가장 큰 종자는 인도양 세이셸(Sesel) 제도가 원산지인 바다야자 열매이다.

이 거대한 열매는 길이 45cm 정도이고, 무게 20~30kg이며, 성숙하는데 5~6년 정도 걸린다. 이 안에 보통 최대 20kg 정도의 종자 한 개가 들어 있다.

PART 03

잎

■ 잎

• 엽(葉), leaf, ハ

관다발식물에서 잎은 뿌리·줄기와 함께 식물의 영양기관을 구성한다. 보통은 줄기 주위에 규칙적으로 붙어 있으며, 평편한 부채 모양을 하고 있다. 잎을 구성하는 세포는 엽록체를 가지며, 모든 생물의 생명의 근원이라고 할 수 있는 광합성을 영위함과 동시에 호흡작용과 증산작용을 한다.

이처럼 잎 본래의 기능을 가진 잎을 보통잎普通葉, foliage leaf이라고 부르며, 일반적으로 잎이라고 하면 보통잎을 말한다. 잎은 형태학적으로 가장 변화가 풍부한 기관으로 형태, 크기, 붙는 방법 등이 다양하다.

또 꽃은 잎이 변형된 것의 집합체로 꽃을 구성하는 요소인 암술, 수술, 꽃잎, 꽃받침은 특수한 잎이라고 여겨, 이들을 총칭해서 화엽花葉, floral leaf이라고 한다.

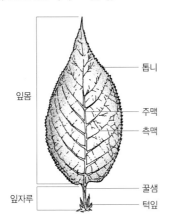

| 잎의 구조

▲ 산벚나무
Prunus sargentii

잎몸

톱니

주맥

측맥

꿀샘

턱잎

잎자루

■ 갖춘잎, 안갖춘잎

• 완전엽(完全葉), complete leaf, カンゼンヨウ
• 불완전엽(不完全葉), incomplete leaf, フカンゼンヨウ

잎은 기본적으로 잎몸, 잎자루, 턱잎의 3부분으로 구분된다. 이 세 부분이 모두 갖추어진 잎을 갖춘잎, 이 중에서 어느 하나라도 없는 잎을 안갖춘잎이라고 한다.

■ 잎몸

• 엽신(葉身), lamina, ヨウシン

잎의 대부분을 차지하는 넓은 부분으로, 보통은 평편한 형태를 띠며 잎의 본체라 할 수 있다. 잎몸의 형태를 표현할 때 보통 잎의 외형, 선단, 기부, 가장자리 등으로 구분한다. 또 두께, 광택, 질감, 털의 유무나 성질에 대해서 기술하기도 한다.

잎의 가장자리에 요철이 전혀 없는 것을 전연全緣, entire이라 하며, 잎가장자리의 요철은 톱니鋸齒, tooth라고 한다. 톱니는 톱의 이빨과 같은 모양을 띠며, 잎끝을 향해 약간 기울어져 있다. 잎가장자리에 큰 결각缺刻, lobation이 있는 경우, 잎가장자리가 갈라져 있다고 표현하며, 갈라진 정도에 따라 천열淺裂, lobed, 중열中裂, cleft, 심열深裂, parted로 분류한다. 또 갈라진 정도가 심해서 거의 주맥까지 갈라진 것을 전열全裂, divided이라 한다. 잎몸이 완전히 갈라져서 2장 이상의 부분으로 이루어진 잎을 겹잎이라 하며, 갈라진 방식에 따라 깃꼴羽狀과 손꼴掌狀로 대별된다.

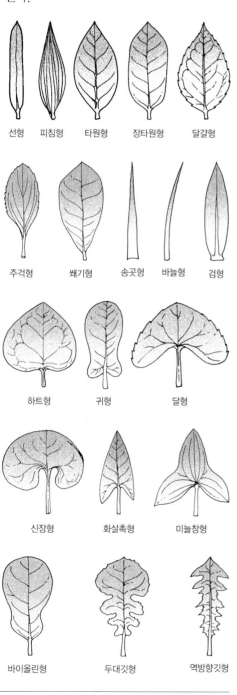

선형   피침형   타원형   장타원형   달걀형

주걱형   쐐기형   송곳형   바늘형   검형

하트형   귀형   달형

신장형   화살촉형   미늘창형

바이올린형   두대깃형   역방향깃형

잎의 외형

절형   원형   둔형   요두형   미돌형

돌형   미형   망형   예형   점첨형

잎의 선단

절형   원형   쐐기형   심장형

귀형   점첨형   예형   경사형

잎의 기부

전연   모연   파형   심파형   둥근톱니형   작은둥근톱니형

치아형   작은치아형   톱니형   작은톱니형   겹톱니형   결각형

잎의 가장자리

결각상   우상천열   우상중열   우상심열   우상전열

잎의 결각

■ 잎자루

• 엽병(葉柄), petiole, ヨウヘイ

잎몸과 줄기 사이의 자루처럼 생긴 부분으로, 물질 수송로인 동시에 잎몸을 적당한 위치에 지지해주는 역할을 한다.

잎자루가 있는 잎과 없는 잎을 각각 유병엽 有柄葉, petiolate leaf, 무병엽 無柄葉, sessile leaf이라 한다.

■ 엽침

• 엽침(葉枕), pulvinus, ヨウチン

잎자루가 줄기에 붙은 곳이나 작은잎이 잎축에 붙은 곳이 부풀어 오른 것을 엽침이라 한다. 콩과의 자귀나무와 미모사 등에서는 엽침세포의 체적이 변화하여 관절 역할을 함으로써 개폐운동을 한다.

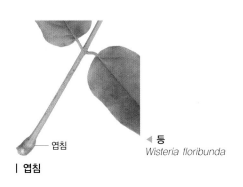

엽침

◀ 등
Wisteria floribunda

| 엽침

■ 턱잎

• 탁엽(托葉), stipule, タクヨウ

보통 잎자루의 밑부분에 있는 한 쌍의 작은 잎을 말하며 잎모양, 돌기모양, 가시모양 등 형태는 다양하다. 일반적으로 턱잎은 잎몸

보다 먼저 신장하여 잎을 보호하는 역할을 하며, 잎몸보다 일찍 떨어지는 경우가 많다. 보통 턱잎은 잎몸에 비해 작지만 완두의 턱잎은 작은잎보다 크다.

아까시나무에서는 턱잎이 변형하여 턱잎침 托葉針, stipular thorne이 되며, 백합과 청미래 덩굴속에서는 턱잎이 변형하여 덩굴손 卷鬚, tendril이 된다.

◀ 왕버들
Salix
chaenomeloides

| 턱잎
귀 모양의 턱잎

찔레꽃   산딸기

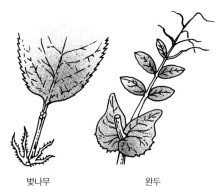

벚나무   완두

여러 가지 턱잎

■ 잎자국

• 엽흔(葉痕), leaf scar, ヨウコン

잎이 떨어진 후에 줄기에서 볼 수 있는 잎의 흔적을 잎자국이라고 한다. 다년생식물에서는 잎이 형성된 후에 일정 기간이 지나면, 잎의 기부에 떨켜離層, abscission layer가 생성되어 잎이 줄기에서 떨어져 나간다. 대부분 관다발의 배열상태는 잎자국 면에 뚜렷하게 남아 있으며, 줄기의 2차 비대생장이 진행되면 나무껍질이 벗겨지면서 없어진다. 또 턱잎이 떨어진 자국을 턱잎자국托葉痕, stipule scar이라 한다.

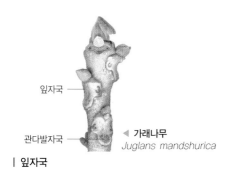

잎자국

관다발자국

◀ **가래나무**
Juglans mandshurica

| 잎자국

■ 잎집

• 엽초(葉鞘), sheath, ヨウショウ

마디 위에서 줄기를 부분적으로 또는 완전히 감싸는 잎 또는 잎 부분으로, 외떡잎식물에서 흔하게 보인다. 이것은 잎자루가 넓게 커진 것이거나, 잎자루와 턱잎이 합쳐진 것이다. 종려과에서는 잎 자체가 커서 눈에 잘 띈다. 특히 난초과 카틀레야속 등에서는 시스sheath라고 부르며, 꽃봉오리의 꽃과 꽃차례를 감싸서 보호하고 있다.

잎집의 변형인 턱잎집托葉鞘, ochrea은 마디풀과에서 볼 수 있다.

잎집

◀ **그령**
Eragrostis ferruginea

| 입집

■ 잎혀

• 엽설(葉舌), ligule, ショウゼツ

잎집과 잎몸이 이어지는 경계부에 조직이 다소 연장되어 생긴 혀 모양의 작은 돌기물로, 소설小舌이라고도 한다. 벼과, 사초과 등에서 흔하게 볼 수 있다.

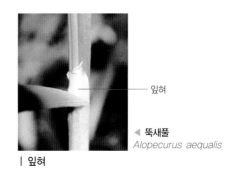

잎혀

◀ **뚝새풀**
Alopecurus aequalis

| 잎혀

■ 잎맥

• 엽맥(葉脈), vein, ヨウミャク

식물의 잎에 있는 관다발을 잎맥이라 하며, 잎 속의 물과 양분의 이동통로이다.
1장의 잎에 굵기가 다른 여러 개의 잎맥이 있는 경우, 가장 굵은 잎맥을 주맥主脈, main

vein이라 하며, 보통잎에서는 잎의 중앙을 가로지르는 중앙맥中央脈, central vein과 일치한다. 주맥에서 파생되는 맥을 측맥側脈, lateral vein이라 하며, 분기하는 순서에 따라 일차측맥一次側脈, primary lateral vein, 이차측맥二次側脈, secondary lateral vein으로 나뉜다. 잎맥은 형태에 따라 다음과 같이 분류한다.

❶ 차상맥

- **차상맥(叉狀脈), dichtomously vein, フタマタミャク**

잎맥이 두 갈래로 갈라지며 분지分枝를 반복하는 것으로, 이차맥二叉脈이라고도 한다. 양치식물이나 겉씨식물 외에 쌍떡잎식물에서도 간혹 보인다.

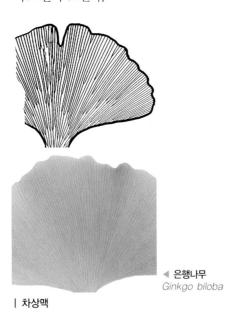

◀ 은행나무
Ginkgo biloba

| 차상맥

❷ 그물맥

- **망상맥(網狀脈), netted vein, モウジョウミャク**

잎맥이 그물 모양이며, 쌍떡잎식물에 흔히 보인다. 외떡잎식물에서는 천남성과 등의 일부에서 볼 수 있다. 가운데 굵은 중앙맥이 있고 중앙맥에서 갈라져 나온 측맥이 있는 것을 깃모양맥羽狀脈, pinnately vein이라 하며, 주요 잎맥이 손바닥 모양으로 분포하는 것을 손모양맥掌狀脈, palmately vein이라 한다.

◀ 산벚나무
Prunus sargentii

| 그물맥-깃모양맥

◀ 단풍나무
Acer palmatum

| 그물맥-손모양맥

❸ 나란히맥

• 평행맥(平行脈), parallel vein, ヘイコウミャク

여러 개의 주맥 또는 일차잎맥이 분지하지 않고 나란히 난 잎맥을 말한다. 외떡잎식물에서 흔하게 보이며, 외떡잎식물의 일반적인 특징이다.

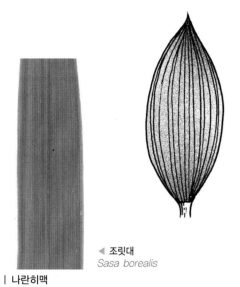

◀ 조릿대
Sasa borealis

| 나란히맥

■ 떡잎, 본잎

• 자엽(子葉), cotyledon, シヨウ
• 본엽(本葉), true leaf, ホンヨウ

떡잎은 식물체에서 처음 만들어지는 잎으로, 종자 내에 있다. 겉씨식물에서는 2장 또는 다수가 있으며, 외떡잎식물에서는 1장, 쌍떡잎식물에서는 보통 2장이 있다. 콩과나 박과 등에서 잘 발달하며, 식물의 초기 생장에 필요한 양분을 축적하는 역할을 한다. 일반적으로 발아하고 난 후에 없어진다.

한편 떡잎에 이어 생기는 통상의 잎을 본잎이라고 한다.

◀ 스트렙토카르푸스 두니
Streptocarpus dunnii

| 떡잎
떡잎 1장은 퇴화하고, 남은 1장이 계속 자란다.

■ 양면잎, 단면잎

• 양면엽(兩面葉), bifacial leaf, リョウメンヨウ
• 단면엽(單面葉), unifacial leaf, タンメンヨウ

앞뒷면의 구별이 뚜렷하고 평편한 잎을 양면잎이라 하며, 흔히 보는 잎들이 여기에 해당한다. 이에 대해 파 또는 붓꽃과 붓꽃속 등과 같이 앞뒷면의 구별이 없는 잎을 단면잎이라 한다.

파는 잎의 상부가 원통형으로 되어 있어서, 관다발의 구조면에서 보면 안쪽면이 바깥쪽을 향해 있다. 붓꽃속은 파 잎을 좌우로 눌러서 평편해진 것으로 볼 수 있다.

◀ 파
Allium fistulosum

| 단면잎
원통형의 잎

◀ 석창포
Acorus gramineus

| 단면잎
두 번 접힌 잎

양쪽을 싸고 있는 것을 포경, 잎몸의 밑부분
이 점차 좁아져서 잎자루와 줄기가 이어진
것을 연하라 한다. 또 마주나는 잎의 밑부분
이 서로 합착하여, 줄기가 잎의 중심을 뚫고
나온 것처럼 보이는 것을 관천이라 한다.

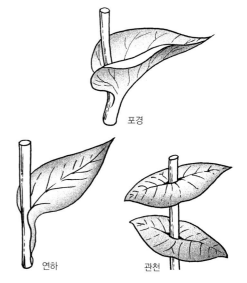

포경

연하   관천

잎이 줄기에 붙는 모양

■ 유엽, 성엽

- 유엽(幼葉), young leaf, ヨウヨウ
- 성엽(成葉), mature leaf, セイヨウ

개체 발생초기의 잎과 성숙한 후의 잎의 형
태가 다른 데, 이것을 각각 유엽, 성엽이라
한다. 관엽식물에서 유엽은 성엽이 되면 흔
히 깃꼴로 갈라진다.

◀ 에피프렘눔 아우레움
Epipremnum aureum

| 성엽
깃꼴로 갈라진 관엽식물의 성엽

◀ 붉은인동
*Lonicera
sempervirens*

| 관천

■ 포경, 연하, 관천

- 포경(抱莖), amplexicaular, ホウケイ
- 연하(沿下), decurrent, エンカ
- 관천(貫穿), perfoliate, ツキヌキ

잎이 줄기에 붙는 모양에 따라 포경, 연하,
관천으로 분류할 수 있다.
잎자루와 잎몸 밑부분의 폭이 넓어 줄기의

■ 연착, 순착

- 연착(緣着), エンチャク
- 순착(盾着), peltate, ジュンチャク

잎자루가 잎몸의 밑부분에 붙어 있는 것을
연착이라 하며, 일반적인 형태이다. 순착은
잎자루가 잎몸의 가운데 부분에 붙어 있는

것이 마치 방패盾처럼 보이기 때문에 붙여
진 이름으로, 잎자루가 붙은 곳에서 측맥이
방사상으로 퍼져 나간다.

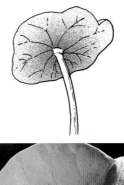

◀ 연꽃
Nelumbo nucifera

| 순착
잎자루가 방패의 손잡이처럼 붙어 있다.

◀ 닭의장풀
*Commelina
communis*

| 연착

---

02 홑잎과 겹잎

■ 홑잎

• 단엽(單葉), simple leaf, タンヨウ

홑잎은 겹잎에 대응되는 용어로, 잎 전체가
한 장의 잎몸으로 이루어진 잎을 말한다.
홑잎 중에서 단풍나무 잎과 같이 잎에 결각
이 있어서 갈라진 잎을 갈래잎分裂葉, lobed
leaf이라 한다.

| 홑잎

▲ 목련
Magnolia kobus

◀ 팔손이
Fatsia japonica

| 갈래잎
잎이 7~9갈래로 갈라져 있어서
팔손이라는 이름이 붙여졌다.

■ 겹잎

• 복엽(複葉), compound leaf, フクヨウ

잎몸이 완전히 갈라져서 2장 이상의 작은잎 小葉, leaflet으로 이루어진 잎을 겹잎이라 한다. 겹잎에서 작은잎이 붙는 잎의 중심을 잎축 葉軸, rachis, 작은잎에 잎자루가 있으면 작은잎자루 小葉柄, petiolule라고 한다. 또, 턱잎이 있으면 작은턱잎 小托葉, stipel이라 한다.

겹잎의 작은잎과 홑잎이 외관상으로 구별이 어려운 경우, 잎겨드랑이에 겨드랑이눈이 있으면 홑잎, 없으면 겹잎이라 보면 된다. 또, 겹잎은 작은잎의 배열에 따라 깃꼴겹잎, 손꼴겹잎, 새발모양겹잎, 삼출겹잎으로 분류된다.

■ 깃꼴겹잎

• 우상복엽(羽狀複葉), pinnate leaf,
ウジョウフクヨウ

중앙에 잎축이 있고 그 좌우에 작은잎이 나란히 늘어선 겹잎을 깃꼴겹잎이라 한다. 잎축의 끝 중앙에 좌우 어느 쪽에도 속하지 않는 작은잎을 정소엽 頂小葉, terminal leaflet이라 하며, 그 외의 잎을 측소엽 側小葉, lateral leaflet이라 한다. 또, 정소엽이 있는 것과 없는 것을 각각 홀수깃꼴겹잎 奇數羽狀複葉, impari - pinnate pinnate leaf, 짝수깃꼴겹잎 偶數羽狀複葉, pari - pinnate leaf이라 한다. 여기에서 다시 갈라져 나가는 경우 이회깃꼴겹잎, 삼회깃꼴겹잎으로 표현하며, 정소엽의 유무에 따라 또 홀수와 짝수로 구분한다.

| 짝수깃꼴겹잎
잎축 끝에 정소엽이 없다.

▲ 주엽나무
Gleditsia japonica

| 홀수깃꼴겹잎
잎축 끝에 정소엽이 있다.

▲ 등
Wisteria floribunda

| 이회짝수깃꼴겹잎
깃꼴겹잎에 다시 깃꼴겹
잎이 붙은 모양

▲ 자귀나무
Albizia julibrissin

◀ 칠엽수
Aesculus turbinata

| 손꼴겹잎
작은잎이 모두 잎자루 끝에 붙어 있다.

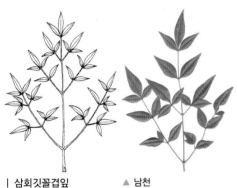

| 삼회깃꼴겹잎   ▲ 남천
Nandina domestica

■ 손꼴겹잎

> • 장상복엽(掌狀複葉), palmate leaf,
> ショウジョウフクヨウ

삼출겹잎을 포함하여 잎자루 끝에 3장 이상
의 작은잎이 손바닥 모양으로 붙어있는 겹
잎을 손꼴겹잎이라 한다.

작은잎이 5장인 경우는 오출손꼴겹잎 五出掌
狀複葉, pentatrinate leaf, 5장 이상인 경우를 일
괄해서 다출손꼴겹잎 多出掌狀複葉, multiple
palmate leaf라 부른다. 작은잎의 수는 기본적
으로 홀수이다.

■ 삼출겹잎

> • 삼출복엽(三出複葉), ternate leaf,
> サンシュツフクヨウ

손꼴겹잎 중에서 정소엽과 한 쌍의 측소엽
으로만 이루어진 겹잎을 삼출겹잎이라 한
다. 여기서 더 갈라지면 이회삼출겹입, 삼회
삼출겹잎이 된다. 토끼풀, 칡, 괭이밥 등이
있다.

◀ 싸리
Lespedeza bicolo

| 삼출겹잎

위쪽 작은잎의 작은잎자루 중간에서 갈라져
나온 것을 말한다. 작은잎자루가 분기한 모양
이 새발 모양이기 때문에 붙여진 이름이다.

◀ 거지덩굴
Cayratia japonica

| 새발모양겹잎

■ 새발모양겹잎

- 조족상복엽(鳥足狀複葉), pedately compound leaf, トリアシジョウフクヨウ

손꼴겹잎과 비슷하지만 작은잎이 같은 곳에
서 나오지 않고, 가장 아래쪽의 작은잎이 그

---

03 잎의 내부구조

■ 잎의 내부

관다발식물의 잎을 내부 형태적으로 보면
표피계, 기본조직계, 관다발계 등 3개의 조
직계로 구분할 수 있다.

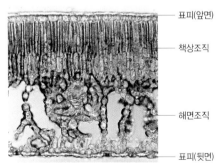

— 표피(앞면)

— 책상조직

— 해면조직

— 표피(뒷면)

| 잎의 내부 구조　　▲ 감탕나무
Ilex integra

❶ 표피계

- 표피계(表皮系), epidermal system, ヒョウヒケイ

잎의 표면을 싸서 보호하는 역할을 하며 표
피세포表皮細胞, epidermal, 기공, 수공水孔을
만드는 공변세포, 각종 털, 인편鱗片, 샘腺 등
으로 이루어져 있다. 표면을 덮고 있는 표피
세포의 외벽은 큐티클층으로 덮여 있다.

❷ 기본조직계

- 기본조직계(基本組織系), fundamental system, キホンソシキケイ

잎몸의 기본조직계를 잎살葉肉, mesophyll이라 하며, 표피 바로 아래에 있는 울타리 모양의 책상조직柵狀組織, palisade parenchyma과 그 아래에 있는 둥근 모양의 해면조직海綿組織, spongy parenchyma으로 이루어져 있다.

잎살은 일반적으로 보통잎에서는 동화조직, 저장잎에서는 저장조직이나 저수조직으로 되어 있다.

◀ 동백나무
Camellia japonica

| 조엽수
잎의 표면에 강한 광택이 있다.

❸ 관다발계

> • 유관속계(維管束系), vascular system,
>   イカンソクケイ

주로 관다발로 되어 있으며, 식물체 내에서 물질의 이동이나 식물체를 기계적으로 지지하는 조직계이다. 잎의 관다발계는 외형적으로는 맥계脈系, venation, 내부형태적으로는 엽적葉跡, leaf trace으로 존재한다.

■ 큐티클층

> • 큐티클층(-層), cuticular layer, クチクラソウ

표피세포의 외벽에는 밀랍 혹은 지방산으로 된 큐티클cuticule이 분비되어 큐티클층이 만들어진다. 큐티클층은 식물체 내에서의 수분의 발산을 방지하고, 외부물질의 침입을 조절하는 기능을 가진다.

상록의 가시나무류, 녹나무과 녹나무속, 차나무과 동백나무속 등에서는 큐티클층이 잘 발달해 있어서, 잎에 강한 광택이 있기 때문에 이들 수종은 특히 조엽수照葉樹, lucidophyllous tree라고 부른다.

■ 기공

> • 기공(氣孔), stoma, キコウ

주로 잎몸의 표피에 있으며, 공기나 수증기가 출입을 하는 작은 구멍을 기공이라고 한다. 기공은 공변세포孔邊細胞, guard cell라 불리는 2개의 세포와 그것에 둘러싸인 구멍으로 구성되어 있으며, 내외의 조건에 따라 공변세포가 열리거나 닫혀서 공기가 출입한다. 기공은 광합성, 호흡, 증산 등의 가스교환 시 공기나 수증기의 통로이다.

기공의 분포는 일반적으로 잎몸의 뒷면이 밀도가 높고 뒷면에만 분포하는 것도 있지만, 수련과 같이 수면에 떠있는 수생식물에서는 표면에만 분포한다.

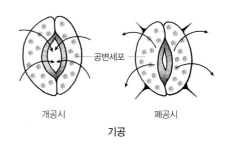

공변세포

개공시   폐공시

기공

■ 뿌리잎

• 근생엽(根生葉), radical leaf, コンセイヨウ

지표에서 가까운 줄기의 마디에서 지면과 수평으로 나온 잎으로, 마치 뿌리에서 난 것처럼 보이기 때문에 근생엽 또는 근출엽根出葉이라고 한다.

정확하게는 지상줄기의 맨 밑 부분의 잎으로 양치식물과 초본성 속씨식물에서는 많이 볼 수 있다. 이에 대해, 신장한 지상줄기에 붙는 잎을 줄기잎莖生葉, cauline leaf이라한다.

◀ 질경이
Plantago asiatica

| 뿌리잎

■ 로제트잎

• 로제트엽(-葉), rosette leaf, ロゼットヨウ

뿌리잎 가운데, 겨울에도 고사하지 않고 지표에 붙어서 사방으로 나는 잎을 로제트잎이라 하며, 로제트잎의 집합을 로제트rosette라고 한다. 국화과 민들레속과 같이 로제트 상태로 월동하는 식물을 로제트식물rosette plant이라 한다.

◀ 민들레
Taraxacum platycarpum

| 로제트잎

■ 위엽

• 위엽(僞葉), phyllode, ギヨウ

잎몸과 잎자루의 구별이 명확한 잎 중에서 잎몸이 퇴화하거나 소형화하고, 대신 잎자루가 잎몸과 같은 기능을 하는 잎을 위엽 또는 가엽假葉이라고 한다.

◀ 사라세니아
Sarracenia

| 위엽

■ 침수잎, 부수잎, 추수잎

• 침수엽(沈水葉), submerged leaf, チンスイヨウ
• 부수엽(浮水葉), floating leaf, フスイヨウ
• 추수엽(抽水葉), emergent leaf, チュウスイヨウ

수생식물은 물속 또는 물가에서 살아가기 때문에, 그 생육환경에 따라 특수한 잎을 달고 있는 것이 많다.

침수잎은 잎 전체가 물속에 있는 잎으로 일반적으로 연약하고, 기계적 조직의 발달이 나쁘다. 검정말, 붕어마름, 물수세미 등의 잎이 침수잎이다.

또 수면 위에 떠있는 잎을 부수잎이라 하며, 기공은 잎의 표면에만 있다. 이들 식물은 항상 부엽만 가지는 것이 아니라, 어린 잎은 침수성인 것이 보통이다. 개구리밥, 생이가래, 부레옥잠 등의 잎이 부수잎이다.

연꽃, 개연꽃, 벗풀 등은 얕은 물에서 살며, 잎은 수면 위에 나와 있기 때문에 추수잎 또는 정수잎挺水葉이라 한다.

◀ 연꽃
Nelumbo nucifera

| 추수잎
잎이 수면 위에 나와 있다.

◀ 물수세미
Myriophyllum verticillatum

| 침수잎
잎이 물속에 잠겨있다.

◀ 네가래
Marsilea quadrifolia

| 부수잎
잎이 수면 위에 떠있다.

■ 잎가시

• 엽침(葉針), leaf spine, ヨウシン

잎 전체 또는 작은잎이나 턱잎이 경화하여 광합성기능을 상실하고 날카로운 돌기로 변형된 것을 잎가시라 한다. 경침莖針에 상대되는 용어이며, 선인장과에서 흔하게 볼 수 있다. 또 아까시나무의 잎자국 좌우에 붙은 가시는 턱잎이 변한 것으로 턱잎가시托葉針, stipular spine라고 한다.

◀ 금호선인장
Echinocactus grusonii

| 잎가시

◀ 아까시나무
Robinia pseudoacacia

| 턱잎가시
턱잎이 변해서 가시가 되었다.

■ 잎덩굴손

다른 물체를 휘감아서 식물체를 안정시키는 가지와 잎의 변형이 덩굴손卷鬚, tendril이다. 그 가운데 잎몸, 작은잎, 잎자루, 턱잎과 같이 잎의 일부가 변형된 것을 잎덩굴손이라 한다. 오이나 완두 등에서 볼 수 있다.

◀ 완두
Pisum sativum

| 잎덩굴손

변화한 것을 특히 포충낭捕蟲囊, insectivorous sac이라 한다.

◀ 파리지옥
Dionaea muscipula

| 벌레잡이잎
조개 모양의 벌레잡이잎.

◀ 벌레잡이풀
Nepenthes rafflesiana

| 포충낭
벌레잡이잎이 주머니 모양이다.

■ 벌레잡이잎

벌레잡이식물에서 흔하게 볼 수 있으며, 곤충 등의 작은 동물을 잡을 수 있도록 변형된 잎을 말한다. 벌레잡이잎이 주머니모양으로

■ 저장엽

유세포柔細胞가 다량의 저장물질을 저장하여, 다육질로 된 잎을 말한다.
백합과 백합속, 부추속의 땅속줄기 비늘줄기는

식물 이야기　　　　　　　　잎의 여왕

ⓒ pontanegra

아마조니카 빅토리아
Victoria amazonica

1800년대 초에 아마존의 열대 우림지역에서 유럽의 식물학자들이 발견하였으며, 영국의 빅토리아(Victoria) 여왕을 기리기 위해 붙여진 이름이다.
이 식물은 잎이 둥근 쟁반 모양으로 물위에 떠 있으며, 그 지름이 2m 이상으로 대단히 크고 가장자리가 약간 위로 올라와 있다.

두꺼운 저장잎의 집합으로 조각 하나하나는 인경엽鱗莖葉, bulb leaf라고 한다.

◀ 백합
Lilium longiflorum

| 저장엽

■ 포자엽, 영양엽

- 포자엽(胞子葉), sporophyll, ホウシヨウ
- 영양엽(榮養葉), trophophyll, エイヨウヨウ

양치식물에서 포자胞子, spore를 달고 있는 잎을 포자엽 또는 실엽實葉이라 한다. 일반적으로 포자를 달고 있는 잎과 달고 있지 않는 잎이 현저하게 형태가 다른 경우에 사용하는 용어이다. 이에 대해 포자를 달고 있지 않는 잎을 영양엽 또는 나엽裸葉이라 한다.

◀ 키다리처녀고사리
Thelypteris nipponica

| 포자잎
잎 뒷면에 포자를 달고 있다.

■ 비늘잎, 바늘잎

- 인편엽(鱗片葉), scale leaf, リンペイヨウ
- 침엽(針葉), needle leaf, シンヨウ

비늘잎은 비늘조각처럼 평편한 모양의 작은 잎을 말하며, 측백나무나 편백 등에서 볼 수 있다. 바늘잎은 바늘 모양으로 생긴 잎을 말하며, 소나무나 전나무 등에서 볼 수 있다.

◀ 편백
Chamaecyparis obtusa

| 비늘잎

◀ 개잎갈나무
Cedrus deodara

| 바늘잎

■ 포

• 포(苞), bract, ホウ

변형된 잎의 일종으로 꽃이나 눈을 보호하는 기능을 가지며, 형태가 다양하고 붙는 위치도 여러 가지이다. 포엽苞葉, bract leaf이라고도 한다. 포가 꽃잎처럼 큰 것이 많으며 포인세티아, 분꽃과 부겐빌레아속, 헬리코니아과 헬리코니아속 등은 포가 관상의 대상이 되기도 한다.

◀ 부겐빌레아
Bougainvillea glabra

| 포
작은 흰색 부분이 꽃이다.

◀ 헬리코니아 로스트라타
Heliconia rostrata

| 포
꽃에 비해 포가 크고 화려하다.

■ 총포

• 총포(總苞), involucre, ソウホウ

꽃산딸나무, 프로테아과 프로테아속 등과 같이 포 중에 꽃차례의 밑부분에 밀집해서 붙는 것을 총포라 하며, 그 조각 하나하나를 총포조각總苞片, involucral scale이라 한다.

국화과의 머리모양꽃차례의 밑부분에 있는 총포조각은 꽃받침조각처럼 보인다. 밤의 가시도 총포이며, 하나하나는 총포조각에 해당한다. 또 천남성과의 육수꽃차례를 감싸는 대형 포도 총포의 일종이며, 특히 이것을 불염포佛焰苞, spathe라 부르며 천남성과 안스리움속, 스파티필룸속, 물파초 등에서는 관상의 대상이다.

복합꽃차례에서는 큰 꽃차례의 포를 총포, 작은 꽃차례의 꽃을 소총포小總苞, involucel라 한다.

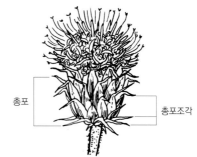

총포

총포조각

◀ 엉겅퀴
Cirsium japonicum var. maackii

| 총포

──총포조각

◀ **코스모스**
Cosmos bipinnatus

| **총포조각**

◀ **안스리움**
Anthurium

| **불염포**
불염이란 부처의 후광(後光) 혹은 광배(光背)를 말한다.

■ 포초

• 포초(苞鞘), bract sheath, ホウショウ

외떡잎식물 중에는 잎집이 있는 것이 많은 데, 이 중에서 꽃차례가 겨드랑이나기腋生, axillary하는 것을 포초라 한다.

◀ **뚝새풀**
Alopecurus aequalis

| **포초**

■ 작은포

• 소포(小苞), bracteole, ショウホウ

화병花柄, pedicel이 없는 꽃에서는 꽃의 기부에, 화병이 있는 꽃에서는 화병 또는 꽃줄기위에 붙으며, 겨드랑이눈을 만들지 않는 소형의 잎을 작은포라 한다.

──작은포
──꽃

◀ **파초**
Musa basjoo

| **작은포**

■ 잎차례

• 엽서(葉序), phyllotaxis, ヨウジョ

잎은 분류군마다 일정한 규칙성을 가지고 줄기에 배열된다. 이 잎의 배열방식을 잎차례라고 한다. 잎차례는 1마디에 1장의 잎이 붙는 어긋나기잎차례와 2장이 이상이 붙는 돌려나기잎차례로 분류된다. 1마디에 2장의 잎이 붙는 경우를, 특히 마주나기잎차례라고 부른다.

| 어긋나기잎차례

▲ 우묵사스레피
Eurya emarginata

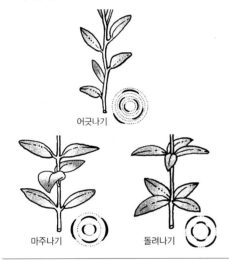

어긋나기

마주나기　　　　돌려나기

잎이 줄기에 붙는 모양

■ 어긋나기잎차례

• 호생엽서(互生葉序), alternate phyllotaxis, ゴセイヨウジョ

줄기의 1마디에 1장의 잎이 붙는 잎차례를 어긋나기 잎차례라고 하며, 잎이 줄기의 주위에 나선 모양으로 배열되는 경우가 대부분이다.

■ 마주나기잎차례

• 대생엽서(對生葉序), oppsite phyllotaxis, タイセイヨウジョ

줄기의 1마디에 2장의 잎이 달리는 것을 마주나기잎차례라 한다.

그 중에서도 직열선이 등간격으로 4개인 경우는 위에서 보면 십자형으로 잎이 붙은 것처럼 보이기 때문에 십자마주나기十字對生, decussate opposite라 한다. 또 직열선이 2개인 경우를 이열마주나기 二列對生, distichous opposite라고 한다.

| 마주나기잎차례

▲ 말발도리
Deutzia parviflora

■ 돌려나기잎차례

• 윤생엽서(輪生葉序), verticillate phyllotaxis,
  リンセイヨウジョ

줄기의 1마디에 2장 이상의 잎이 붙는 방식을 돌려나기잎차례라 하며, 2장이 붙는 경우는 따로 마주나기로 취급하는 것이 보통이다.

1마디에 3장이 붙으면 삼륜생三輪生, ternate, 4장이 붙으면 사륜생四輪生, quaternate, 5장이 붙으며 오륜생五輪生, quinate이라 한다.

◀ 갈래등골나물
Eupatorium
chinense

| 돌려나기잎차례
  4장의 잎이 돌려붙은 사륜생.

■ 속생, 총생

• 속생(束生), fascicled, ソクセイ
• 총생(叢生), tufted, ソウセイ

슈트shoot의 선단에 아주 짧은 마디와 마디 사이에 여러 장의 잎이 서로 근접해 다발로 붙는 것을 속생이라 한다. 이것은 잎차례를 나타내는 용어가 아니며, 잎차례를 나타내는 용어는 어긋나기잎차례, 마주나기잎차례, 돌려나기잎차례 중 하나이다.

또 지상줄기의 하부 또는 지하줄기의 곁눈에서 새로운 슈트가 나와서 주립상株立狀을 이루는 것을 총생이라고 한다. 이것도 잎차례를 나타내는 용어는 아니다.

◀ 돈나무
Pittosporum tobira

| 속생

식물 이야기　　　　　세계에서 가장 작은 잎

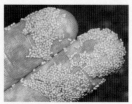

© Christian Fischer

분개구리밥
Wolffia arrhiza

개구리밥과 분개구리밥속의 식물은 세상에서 가장 작은 현화식물로 알려져 있다. 이 식물은 뿌리와 줄기가 없고 잎만 있다. 잎의 길이는 0.4~1.3mm 정도의 타원형이며, 작아서 물위에 떠 있는 녹색 입자처럼 보인다.

■ 질감

■ 가죽질

• 혁질(革質), coriaceous, カクシツ

무두질한 가죽처럼 윤기가 있고 부드러우며 탄력이 있는 상태를 말한다. 식나무, 협죽도, 인도고무나무의 잎 등에서 볼 수 있다.

◀ 태산목
Magnolia grandiflora

| 가죽질

■ 건막질

• 건막질(乾膜質), scarious, カンマクシツ

초칠한 종이처럼 얇고 마른 상태의 질감을 말한다. 헬리크리섬, 로단세*Helipterum manglesii* 등의 총포조각에서 볼 수 있다.

◀ 밀짚꽃
Bracteantha bracteata

| 건막질

■ 막질

• 막질(膜質), membranaceous, マクシツ

얇은 종잇장같이 뒷면이 조금 비쳐 보일 정도의 질감을 말한다. 수선화과 수선화속의 포苞 등에서 볼 수 있다.

◀ 수선화
Narcissus tazetta var. *chinensis*

| 막질

■ 종이질

• 지질(紙質), chartaceous, シシツ

약간 얇고 종이같은 질감을 말한다. 단풍나무 잎 등에서 볼 수 있다.

◀ 단풍나무
Acer palmatum

| 종이질

■ 털

• 모용(毛茸), trichome, モウジョウ

■ 거센털

• 조모(粗毛), scabrous, ソモウ

감촉이 꺼칠꺼칠한 짧고 뻣뻣한 털

■ 거친털

• 강모(剛毛), bristle, ゴウモウ

약간 딱딱한 굳고 거센 털

■ 연한털

• 연모(軟毛), pubescent, ナンモウ

가늘고 부드러운 털

■ 비단털

• 견모(絹毛), sericeous, キヌゲ

윤이 나며 드러누운 가늘고 긴 털

■ 개출모

• 개출모(開出毛), patent hair, カイシュツモウ

잎이나 줄기 표면에 직각으로 곧게 선 털로
복모에 대응하는 개념

■ 별모양털

• 성상모(星狀毛), stellate hair, セイジョウモウ

한 점에서 사방으로 갈라져서 별 모양을 하
고 있는 털

■ 누운털

• 복모(伏毛), adpressed hair, フクモウ

한 방향으로 누워 있는 털로 개출모에 대응
되는 개념

■ 샘털

• 선모(腺毛), glandular trichrome, センモウ

보통은 끝이 둥근 모양으로 부풀어 그 속에
분비물을 포함하고 있는 털. 끈끈이귀개과
끈끈이주걱속 등에서 볼 수 있다.

◀ 끈끈이주걱
*Drosera
rotundifolia*

| 샘털
끝이 둥글고 그 속에 분비물을 포함하고 있다.

■ 감각모

• 감각모(感覺毛), sensory hair, カンカクモウ

접촉을 느끼는 털로 파리지옥 등의 벌레잡
이식물에서 볼 수 있다. 단시간에 이 감각
모에 2회 이상 닿으면, 잎이 닫혀서 곤충
등의 작은 동물이 포획된다.

◀ 파리지옥
*Dionaea
muscipula*

| 감각모
파리지옥은 벌레잡이식물.

개출모 　 누운털 　 샘털 　 별모양털

털의 모양

■ 꿀샘

• 밀선(蜜腺), nectary, ミツセン

샘腺, gland은 꿀, 점액, 유성물질 등을 분
비하며, 꽃과 잎 등에 있다. 이 중에 털처
럼 생겼으면서 선단이 공 모양이고 그 속
에 분비물을 담고 있는 것을 샘털腺毛이라
한다.

또 당糖을 포함한 달콤한 꿀을 분비하는 샘
을 꿀샘이라 하며, 꽃가루를 매개하는 곤충
을 끌어들이는 역할을 한다.

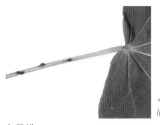

◀ 이나무
Idesia polycarpa

| 꿀샘

■ 유액

• 유액(乳液), latex, ニュウエキ

대극과, 뽕나무과, 협죽도과, 박주가리과,
국화과 등의 식물에 상처를 주면 흰색의 우
유와 같은 액체가 나오는데, 이것을 유액이
라고 한다.

유액은 주로 탄성고무이고 녹말, 효소, 알칼
로이드 등이 포함되어 있다. 천연고무의 주
요 자원식물로 알려진 파라고무나무*Hevea
brasiliensis*에는 유액 중에 고무탄화수소가
많이 함유되어 있다.

유액

◀ 무화과나무
Ficus carica

| 유액

■ 부속체

• 부속체(付屬體), appendages, フゾクタイ

여러 조직에 붙은 작은 조각 중에서 특별히
그것을 나타내는 전문용어를 만들 필요가

없을 때, 부속체라고 부른다. 따라서 부속체
라 하더라도 각각에 따라 나타내는 것이 다
르다. 보통은 부속되어 있는 것의 명칭과 조
합하여 '~의 부속체'라고 표현한다.

무늬천남성에서는 육수꽃차례의 선단에 있
는 부속체가 실 모양으로 길게 뻗어있다. 곤
약*Amorphophallus konjac*도 육수꽃차례의 부
속체가 길게 뻗어 있다.

부속체

◀ 무늬천남성
Arisaema thunbergii

| 부속체

PART 04

줄기와 눈

■ 줄기

• 경(莖), stem, ケイ

줄기는 보통 지상에 있으며 잎을 달고 있다. 또, 식물체의 지상부를 지탱하는 역할을 하며, 줄기 속에는 관다발이 발달하여 물과 광합성 산물의 통로가 되기도 한다. 보통 볼 수 있는 땅위줄기地上莖, terrestrial stem에 대해 지하에 있는 줄기를 땅속줄기地下莖, subterranean stem라 부르며, 다양한 형태나 기능을 가진 것으로 변형된 것도 있다.

■ 나무줄기, 풀줄기

• 목본경(木本莖), woody stem, モクホンケイ
• 초본경(草本莖), stem, ソウホンケイ

관다발의 물관부가 잘 발달하여 딱딱하고 튼튼한 다년생 줄기를 나무줄기라 한다. 특히 목본식물에서 주축이 되는 굵은 나무줄기를 수간樹幹, trunk이라 한다.

또 물관부가 그다지 발달하지 않고 다육이며, 부드러운 초질의 줄기를 풀줄기라고 한다.

■ 가시

• 자(刺), prickle, トゲ

가시는 식물체의 표면에 돋은 끝이 뾰족한 바늘 모양의 딱딱한 돌기물의 총칭이다. 대부분은 가지가 변형된 것이지만 잎자루, 턱잎, 기타 다른 부분이 변화한 것도 있다.

변형된 기관의 종류에 따라 가지가 변한 줄기가시莖針, stem spine, 잎이 변한 잎가시葉針, leaf spine, 뿌리가 변한 뿌리가시根針, root spine 등으로 구분된다.

◀ 아까시나무
Robinia pseudoacacia

| 가시
턱잎이 변한 가시

◀ 금호선인장
Echinocactus grusonii

| 잎가시
잎이 변한 가시

■ 줄기가시, 피침

• 경침(莖針), stem spine, ケイシン
• 피침(披針), cortical spine, ヒシン

줄기의 전체 또는 일부분의 끝이 뾰족하게 변화되어 가시처럼 된 것을 줄기가시라고 한다. 주엽나무, 석류나무, 피라칸다 등에서 볼 수 있다. 또 껍질에서 돋아나온 것을 피침이라 하며, 손으로 젖히면 곱게 떨어진다. 장미, 음나무 등의 가시가 피침이다.

◀ 주엽나무
Gleditsia japonica

| 줄기가시
줄기가 변한 가시

껍질눈

◀ 황벽나무
Phellodendron amurense

| 껍질눈

◀ 음나무
Kalopanax septemlobus

| 피침
피침은 옆으로 젖히면 곱게 떨어진다.

■ 껍질눈

• 피목(皮目), lenticel, ヒモク

껍질눈은 표피 밑의 코르크가 표피를 뚫고 나온 것으로, 기공 대신에 공기의 출입구로 새로 만들어진 조직을 말한다. 보통 표면보다 조금 융기해 있으며, 그 형태나 분포는 수종에 따라 특징적인 문양을 나타낸다.

◀ 왕벚나무
Prunus yedoensis

| 껍질눈

■ 잎모양줄기

• 엽상경(葉狀莖), cladophyll, ヨウジョウケイ

편경扁莖, cladodium은 모양이 평편한 줄기를 말한다. 편경이 잎처럼 보이는 것을 잎모양줄기라 하며, 줄기가 평편하거나 선線 모양으로 변형되어 잎처럼 보인다. 녹색을 띠며, 광합성작용을 하고, 물의 손실을 줄여주는 역할을 한다. 보통 잎은 퇴화되고, 잎을 대신하는 기능을 가지고 있다. 백합과 루스쿠스속Ruscus, 비짜루속Asparagus, 선인장과 부채선인장류, 게발선인장 등에서 볼 수 있다.

◀ 게발선인장
Schlumbergera truncata

| 편경

◀ 아스파라거스
팔카투스
Asparagus falcatus

| 잎모양줄기

■ 헛줄기

• 위경(僞莖), pseudostem, ギケイ

잎의 잎집부가 겹쳐져서 얼핏 보면 줄기처럼 보이는 것을 말한다. 파초과, 생강과, 홍초과 등에서 볼 수 있다. 진짜 줄기는 밑동 가까이에 있다.

헛줄기

◀ 바나나
Musa paradisiaca

| 헛줄기

헛줄기

◀ 꽃생강
Hedychium coronarium

| 헛줄기

■ 정간

• 정간(挺幹), caudex, テイカン

다년생초본에서 월동하는 목질 부분을 말한다. 종려과 등에서는 곁가지를 내지 않고 꼭대기부분에 여러 개의 잎이 무리로 나 있다.

◀ 워싱턴야자
Washingtonia robusta

| 정간

■ 슈트

• 묘조(苗條), shoot, シユート

줄기와 그것에 붙어있는 잎을 통틀어 슈트shoot라고 한다. 슈트는 활발하게 분열하는 세포로 이루어진 정단분열조직頂端分裂組織을 포함하며, 이들 세포는 지속적으로 분화하여 줄기를 신장시키고, 잎과 눈을 형성한다. 슈트에는 잎을 가진 영양슈트榮養枝, vegetative shoot와 꽃을 피우는 생식슈트生殖枝, reporductive shoot가 있다.

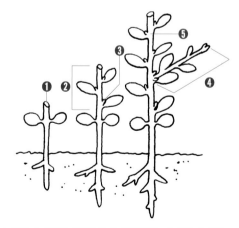

1. 유아, 2. 유아가 신장한 것, 3. 겨드랑이눈, 4. 측지, 5. 주축

슈트의 모식도

■ 마디

• 절(節), node, セツ

줄기 중에서 잎이 붙는 부분을 마디라고 하며, 마디와 마디 사이의 부분을 마디사이節間, internode라 한다.

마디가 골속髓, pith 등으로 채워져 있는 것을 중실中實, solid, 비어 있는 것을 중공中空, hollow이라 한다.

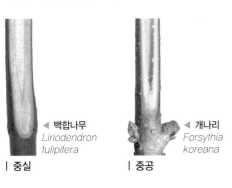

◀ 백합나무
Liriodendron tulipifera
| 중실

◀ 개나리
Forsythia koreana
| 중공

■ 간

• 간(稈), culm, カン

대나무류나 벼과 등의 줄기와 같이 마디사이는 가운데가 비어 있으며, 마디에는 격벽이 있고, 바깥쪽이 비교적 딱딱한 줄기를 특히 간이라 한다. 기부는 마디사이가 짧고, 상부는 몇 마디만 있으며 마디사이가 길다.

◀ 죽순대
Phyllostachys pubescens
| 간

■ 주

• 주(株), stock, カブ

목본이나 초본을 막론하고, 줄기의 아랫부분 또는 뿌리부분에서 갈라져 나온 여러 개의 땅위줄기가 총생한 상태의 식물체를 주라고 한다. 또 여러 개의 땅위줄기가 총생해 있는 상태를 주립상株立狀이라 한다.

일반적으로 나무 또는 식물을 세는 말로 그루라고도 한다.

■ 가지

• 지(枝), branch, エダ

주간主幹, main culm에서 갈라진 줄기를 가지라 하며, 겨드랑이눈 또는 막눈이 발달한 것이다. 또 가지가 주축에서 갈라져 나오는 것을 분지分枝, branching라고 한다. 분지는 특히 수목에서 무성하게 일어나며, 제1차 주축인 줄기幹, trunk에서 가지가 갈라져 나온다.

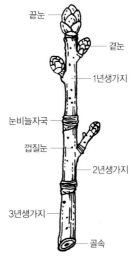

끝눈
곁눈
1년생가지
눈비늘자국
껍질눈
2년생가지
3년생가지
골속

가지의 명칭

■ 일년생가지, 이년생가지

- 일년생지(一年生枝), hornotinous branch, イチネンセイシ
- 이년생지(二年生枝), last year's branch, ニネンセイシ

가지가 나와서 그 해의 휴면기겨울까지 신장한 가지를 일년생가지 또는 금년지今年枝라 하며, 아직 가지의 목질화가 충분하게 진행되지 않은 상태이다. 휴면기를 지나 2년째가 된 가지를 이년생가지 또는 전년지前年枝라고 하며, 가지의 목질화가 완전하게 이루어진 상태이다. 그 이후는 휴면기를 한 번 지날 때마다 삼년생가지, 사년생가지라고 부른다.

■ 긴가지, 짧은가지

- 장지(長枝), long branch, チョウシ
- 단지(短枝), short branch, タンシ

마디사이節間가 길게 뻗은 가지를 긴가지라 하며, 보통 보이는 가지는 대부분 긴가지이

다. 이에 대해 짧은가지는 이년생 긴가지의 곁가지側枝, lateral branch에 나타난다.

1개의 끝눈頂芽을 가지며, 잎자국과 눈비늘자국芽鱗痕, bud scale scar을 조밀하게 남기면서 조금씩 자라서, 몇 년이 지나면 고사하거나 탈락한다. 은행나무, 소나무과 소나무속, 잎갈나무속 등에서 볼 수 있다.

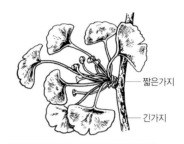
— 짧은가지
— 긴가지

◀ 은행나무
Ginkgo biloba

| 긴가지와 짧은가지

---

02 줄기의 내부구조

관다발식물의 줄기는 내부구조상 잎과 같이 표피계, 기본조직계, 관다발계의 3개의 조직계로 되어 있다.

특히 관다발계를 포함하는 중심주의 다양성과 이차조직의 발달이 현저하다. 줄기는 보통 직립하고, 내부구조는 방사대칭성을 나타낸다.

■ 표피, 주피, 수피

- 표피(表皮), epidermis, ヒョウヒ
- 주피(周皮), periderm, シュウヒ
- 수피(樹皮), bark, ジュヒ

식물의 표면을 덮고 있는 조직을 표피라고 하며, 몇 개의 세포층으로 이루어져 있다. 겉씨식물과 쌍떡잎식물에서는 줄기나 뿌리

의 부름켜가 활발하게 활동하여 비대생장하면, 표피가 따라가지 않고 탈락하여 표피를 대신해서 표면을 보호하기 위해 이차적으로 생긴 조직을 주피라고 한다.

주피는 이것을 만드는 코르크부름켜, 바깥쪽에 만들어진 코르크조직, 안쪽에 만들어진 코르크피층으로 이루어져 있다. 줄기의 코르크조직이 발달하면 그 바깥쪽에 있는 표피는 고사하여 수피가 되며, 줄기가 다시 발달하면 코르크조직의 외층도 차츰 수피가 되면서 오래 된 것부터 떨어져 나간다.

◀ **코르크참나무**
Quercus suber

| **코르크 수피**

■ 코르크부름켜

> • **코르크형성층**(−形成層), cork cambium, コルクケイセイソウ

코르크부름켜는 쌍떡잎식물과 겉씨식물의 줄기나 뿌리에 있는 측생분열조직側生分裂組織으로 보호조직인 주피를 형성하는데, 바깥쪽에 코르크조직코르크組織, cork, 안쪽에 코르크피층코르크皮層, cork cortex이 형성된다. 또 낙엽이나 낙과 등 식물체의 일부가 이탈된 경우나 상처가 난 후에도 코르크부름켜가 생겨 코르크조직을 만들어 표면을 보호한다.

■ 관다발

> • **유관속**(維管束), vascular bundle, イカンソク

관다발은 양치식물과 종자식물이 두 종류를 관다발식물이라 한다에서 줄기, 잎, 뿌리에 있는 다발 모양의 조직을 말한다.

주로 물의 통로가 되는 물관부와 광합성 산물의 통로가 되는 체관부로 이루어져 있으며, 서로 연결되어 식물체를 견고히 하고 있다.

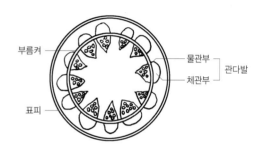

쌍떡잎식물의 줄기 단면

❶ 물관부

> • **목부**(木部), xylem, モクブ

물관부는 물관導管, vessel, 헛물관假道管, tracheid, 물관부유조직, 물관부섬유조직 등으로 구성된 복합조직을 말한다. 수액의 통로, 식물체의 지지, 부분적으로 물질을 저장하는 기능을 가진다. 겉씨식물에는 물관과 물관부섬유가 없다.

❷ 체관부

> • **사부**(師部), phloem, シブ

체관師管, sieve tube, 반세포, 체관부섬유조직, 체관부유조직 등으로 구성된 복합조직으로 잎에서 만들어진 광합성의 산물을 뿌리로 내려보내는 통로가 되며, 기계조직 또는 저장조직이 되기도 한다. 줄기의 관다발 내에서는 보통 물관부의 바깥쪽에 있다.

■ 부름켜

• 형성층(形成層), cambium, ケイセイソウ

물관부와 체관부 사이의 살아있는 세포층으로 이루어져 있으며, 이곳에서 부피생장이 일어난다. 보통 풀이라고 하는 외떡잎식물은 관다발 내에 부름켜가 존재하지 않기 때문에, 가늘고 잘 휘는 성질이 있다.

이에 대해 겉씨식물과 속씨식물 중 쌍떡잎식물에 속하는 목본류는 물관부와 체관부 사이에 부름켜가 있어서, 이곳에서 세포분열이 활발히 일어나서 굵어지고 비대해진다.

■ 중심주

• 중심주(中心柱), central cylinder, チュウシンチュウ

관다발식물의 줄기 및 뿌리 조직은 크게 표피, 피층, 중심주로 구분하며, 피층보다 안쪽의 전영역을 중심주라고 한다. 중심주는 물과 양분의 통로인 관다발이 집중적으로 분포하는 영역이다.

■ 재

• 재(材), wood, ザイ

목본식물에서 관다발부름켜에 의해 만들어진 이차물관부를 재라고 한다.

물관, 헛물관, 물관부유조직, 물관부섬유조직으로 구성되며, 세포벽은 대부분 목질화하여 여러 가지 용재로 사용된다.

식물 이야기 포도주 병마개

© Liné1

코르크참나무
Quercus suber

참나무과의 코르크참나무는 유럽 남부에서 아프리카 북부까지 넓게 분포한다. 이 나무에서 채취한 코르크는 단열·방음·전기적 절연·탄력성 등에서 뛰어난 성질을 가지고 있기 때문에 병마개나 실내의 벽 등 다방면에 이용되며, 특히 포도주 병마개로 널리 이용되고 있다.

병마개로 이용되는 코르크는 주로 코르크참나무의 바깥쪽 주피에서 얻는다. 직경 약 40cm 정도의 20~25년 된 나무에서 3~10cm 두께의 코르크층을 얻을 수 있다. 포도주 병마개는 1690년경 프랑스 동부 오트빌리예에 있는 성베드로 수도원의 포도주 관리인인 돔페리뇽 신부가 발명한 것이다.

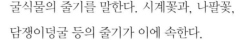

■ 땅위줄기

• 지상경(地上莖), aerial stem, チジョウケイ

지표면 위에 있는 줄기를 통칭하여 땅위줄기라 하며, 땅속줄기地下莖에 대응되는 용어이다. 하늘을 향해서 뻗거나, 바닥을 기거나, 다른 물체를 휘감는 것 등 다양한 형태가 있다.

■ 기는줄기

• 포복경(匍匐莖), stolon, ホフクケイ

줄기가 덩굴이어서 지표면에 따라 길게 자라는 것을 기는줄기라 한다.

딸기와 같이 덩굴의 끝에서 눈이나 뿌리를 내어 번식에 도움이 되는 것을 특히 주출지走出枝, runner라 하여 구별하고 있다.

◀ 딸기
Fragaria ananassa

| 주출지

■ 덩굴줄기

• 만경(蔓莖), climbing stem, マキツキケイ

줄기가 가늘고 약해서 자체적으로 서지 못하고 다른 물건을 감거나 타고 올라가는 덩굴식물의 줄기를 말한다. 시계꽃과, 나팔꽃, 담쟁이덩굴 등의 줄기가 이에 속한다.

◀ 담쟁이덩굴
Parthenocissus tricuspidata

| 덩굴줄기

■ 덩굴손

• 권수(卷鬚), tendril, マキヒゲ

다른 물체에 감겨 붙어서 자신의 몸을 유지하고 안정시키도록 변태한 식물체의 일부분으로, 주로 줄기가 약한 덩굴식물에서 볼 수 있다. 잎끝이 뻗어서 된 것중국패모, 겹잎의 선단부가 변한 것완두, 턱잎이 변한 것청미래덩굴 등 다양한 기관이 변해서 덩굴손이 된다.

◀ 중국패모
Fritillaria thunbergii

| 덩굴손
잎끝이 뻗어서 된 덩굴손

◀ 완두
Pisum sativum

| 덩굴손
겹잎의 선단부가 변해서 된 덩굴손

◀ 청미래덩굴
Smilax china

| 덩굴손
턱잎이 변해서 된 덩굴손

◀ 환삼덩굴
Humulus japonicus

| 왼감기

◀ 칡
Pueraria lobata

| 오른감기

■ 왼감기, 오른감기

- 좌권(左卷), sinistral, ヒダリマキ
- 우권(右卷), dextral, ミギマキ

덩굴이 물체를 감고 올라가는 방법에는 왼 감기와 오른감기가 있다. 위에서 보아 시계 방향으로 타래처럼 감고 올라가는 것을 왼 감기라 하며 더덕, 인동덩굴, 환삼덩굴, 등 나무 등이 이에 속한다.

또 위에서 보아 반시계방향으로 감고 올라 가는 것을 오른감기라 하며 나팔꽃, 메꽃, 으름덩굴, 칡 등이 이에 속한다.

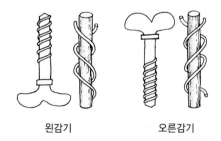

왼감기   오른감기

나사는 모두 오른나사

■ 다육경

- 다육경(多肉莖), succulent stem, タニクケイ

저수조직 등이 발달하여 줄기가 비대해져서 살이 두툼하게 된 줄기를 말한다. 이러한 식 물들은 선인장처럼 잎이 퇴화하여, 광합성 의 주력이 줄기에 쏠려 있는 것이 많다.

잎이 퇴화하여 줄기가 다육화한 것으로 선 인장과 식물, 다육성 대극속과 같이 건조지 에서 생육하는 식물, 명아주과 퉁퉁마디속 과 같이 염습지에서 생육하는 식물 등이 있 다. 다육경을 가진 식물을 다육식물多肉植物, succulent plant이라 한다.

◀ 금오모자선인장
Opuntia microdasys

| 다육경
저수조직 등이 발달하여 비대해진 줄기

◀ 퉁퉁마디
Salicornia europaea

| 다육경

◀ 꽃댕강나무
Abelia × grandiflora

| 대화

◀ 맨드라미
Celosia cristata

| 대화

■ 대화

• 대화(帶化), fasciation, タイカ

줄기가 띠 모양으로 넓거나 몇 개의 가지가
한 평면에 유착한 기형현상을 말하며, 철화
綴化라고도 한다. 뿌리나 꽃에도 일어나는
수가 있으며, 원예적으로는 희귀한 현상이
다. 맨드라미에서는 이것이 일반적인 상태
이다.

04 땅속줄기

■ 땅속줄기

• 지하경(地下莖), underground stem, チカケイ

지표면보다 아래에 있는 줄기를 총칭하여
땅속줄기라고 한다. 땅속줄기에는 여러 가
지 형태가 있으며 기능도 다양하다.

■ 뿌리줄기

• 근경(根莖), rhizome, コンケイ

지하에 있는 보통 줄기 중에서 알줄기, 덩이
줄기, 비늘줄기 등 특수한 줄기를 제외한 모
든 줄기를 뿌리줄기라고 한다.

일반적으로 줄기가 땅속에서 옆으로 길게
뻗어나가며, 전체적으로 비대해져 있다. 땅
위줄기와 마찬가지로 마디가 있으면 거기에
서 잎이나 뿌리가 나온다. 연꽃, 메꽃, 죽순
대 등이 이에 속한다. 연꽃의 뿌리줄기는 연
근이라고 하며, 마디가 뚜렷하고 식용한다.

◀ 연꽃
Nelumbo nucifera

| 뿌리줄기

■ 알줄기

• 구경(球莖), corm, キュウケイ

짧은 줄기가 비대해져서 구형 또는 달걀 모양의 양분을 저장하는 기관이 된 것을 알줄기라고 한다.

잎의 밑부분이 건조해져서 생긴 엷은 껍질이 각 마디에 붙어서 알줄기 전체를 감싸고 있다. 글라디올러스속, 프리지아속 등의 붓꽃과 식물에서 흔히 보이며, 매년 새로운 알줄기로 교체하여 갱신된다.

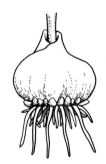

◀ 글라디올러스
Gladiolus grandavensis

| 알줄기

■ 덩이줄기

• 괴경(塊莖), tuber, カイケイ

짧은 줄기가 덩이 모양 또는 공 모양으로 비대해진 것을 덩이줄기라고 한다. 얇은 껍질로 싸여 있지 않아서 알줄기와 구별되며, 다음의 2종류로 분류된다.

• 앵초과 시클라멘속, 알뿌리베고니아, 글록시니아 등은 씨눈줄기가 비대해져서 생긴 것으로, 덩이줄기가 매년 비대해지지만 새로 갱신되는 것은 아니다.

• 아네모네, 석잠풀, 칼라듐 등은 매년 덩이줄기가 새로 갱신된다.

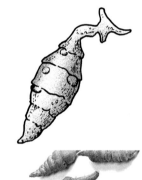

◀ 석잠풀
Stachys japonica

| 덩이줄기

■ 비늘줄기

• 인경(鱗莖), bulb, リンケイ

짧은 줄기 주위에 잎의 전체 또는 잎집 부분이 다육화하여 저장기관이 된 비늘잎이 겹쳐진 것을 비늘줄기라고 한다.

❶ 층모양비늘줄기

> • 층상인경(層狀鱗莖), imbricated bulb,
> ソウジョウリンケイ

비늘잎이 생장점을 둘러싸고 층모양으로 겹쳐져 있는 것으로, 가장 바깥쪽의 얇은 막으로 된 비늘잎이 전체를 덮고 있다. 튜울립, 독일붓꽃 등은 매년 어미덩이가 소모되어 없어지고 새끼덩이로 갱신되는 종류이다.
또 아마릴리스, 히아신스 등은 어미덩이가 매년 갱신되지 않고 새로운 비늘잎이 내부에서 만들어져서 어미덩이 자체가 커져 가는 종류이다.

◀ 백합
Lilium longiflorum

| 비늘모양비늘줄기

◀ 튤립
Tulipa gesneriana

| 층모양비늘줄기

❷ 비늘모양비늘줄기

> • 인상인경(鱗狀鱗莖), scaly bulb,
> リンジョウリンケイ

비늘 모양의 비늘잎이 기와장처럼 겹쳐진 것으로, 층모양비늘줄기와는 달리 얇은 껍질로 덮여 있지 않다. 백합과 백합속, 왕패모 등이 이에 속한다.

■ 헛비늘줄기

> • 위인경(僞鱗莖), pseudobulb

헛비늘줄기는 난초과 식물에서 땅위줄기나 꽃줄기의 일부가 비대해져서 공 모양이나 달걀 모양으로 변한 저장기관으로, 마치 알줄기처럼 보이기 때문에 위구경僞球莖이라고도 한다. 일반적으로는 지표에 있으며, 녹색을 띠고 광합성작용을 하는 것도 있다.

◀ 케로지네 마산게아나
Coelogyne massangeana

| 헛비늘줄기

■ 눈

- 아(芽), bud, メ

아직 전개되지 않은 슈트_{shoot}를 눈이라 하며 전개하면 줄기, 잎, 꽃이 된다. 줄기의 맨 끝에 붙는 눈을 끝눈, 줄기의 옆에 붙는 눈을 곁눈이라 한다. 종자식물에서 곁눈은 보통 잎겨드랑이에 생기므로 겨드랑이눈이라고도 한다. 일반적으로 끝눈이 곁눈보다 발육이 좋으며, 끝눈을 제거하면 곁눈의 발육이 좋아진다.

◀ 산벚나무
Prunus sargentii

| 눈

■ 정아, 부정아

- 정아(定芽), definite bud, テイガ
- 부정아(不定芽), adventitious bud, フテイガ

종자식물에서 줄기의 끝과 잎겨드랑이는 정상적으로 눈이 생기는 위치이므로, 끝눈_{가짜끝눈 포함}과 겨드랑이눈_{덧눈 포함}을 정아라고 하고, 그 외의 곳에 생기는 눈을 부정아 또는 막눈이라 한다. 부정아는 줄기, 잎, 뿌리 등에 생기며, 영양번식에 도움이 되는 것도 있다.

◀ 천손초
Kalanchoe daigremontiana

| 부정아

■ 끝눈, 가짜끝눈

- 정아(頂芽), terminal bud, チョウガ
- 가정아(假頂芽), pseudoterminal bud, カリチョウガ

가지 끝에 크게 발달하여 새로운 슈트를 신장시키는 눈을 끝눈이라고 한다. 이에 대해, 겨울동안 혹은 건조기에 가지의 끝이 고사하여 가지자국_{枝痕, twing scar}을 남기면, 그 주위의 최상위 곁눈이 끝눈처럼 보이는 데 이러한 곁눈을 가짜끝눈이라 한다.

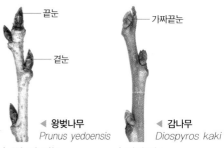

끝눈 — 　　　　가짜끝눈 —

곁눈 —

◀ 왕벚나무
Prunus yedoensis

| 끝눈과 곁눈

◀ 감나무
Diospyros kaki

| 가짜끝눈

■ 곁눈, 정생측아

• 측아(側芽), lateral bud, ソクガ
• 정생측아(頂生側芽), terminally lateral bud, チョウセイソクガ

슈트의 측면에 생겨, 새 슈트를 만드는 눈을 곁눈이라 한다. 종자식물에서 곁눈은 보통 잎의 겨드랑이에 겨드랑이눈腋芽, axillary bud으로 생긴다. 곁눈은 생장을 시작하면 정단부에 새 끝눈, 측단부에 새 곁눈을 만든다.

이에 대해, 곁눈 중에서 끝눈 주위에 모여서 생기는 눈을 정생측아라고 한다. 굴참나무, 졸참나무 등에서 흔하게 볼 수 있다.

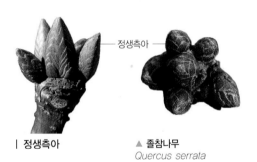

| 정생측아

▲ 졸참나무
Quercus serrata

■ 덧눈

• 부아(副芽), accessory bud, フクガ

덧눈은 정상적인 곁눈의 상하 혹은 좌우에 생기는 눈으로 곁눈에 이상이 생기면 역할을 대신한다. 곁눈의 위나 아래에 달리는 덧눈을 세로덧눈側上芽, superposed bud, 왼쪽이나 오른쪽 혹은 양쪽에 달리는 덧눈을 가로덧눈平行芽, collateral bud라 한다.

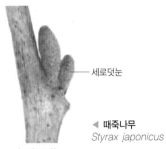

세로덧눈

◀ 때죽나무
Styrax japonicus

| 세로덧눈

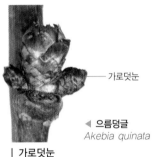

가로덧눈

◀ 으름덩굴
Akebia quinata

| 가로덧눈

■ 잎눈, 꽃눈

• 엽아(葉芽), leaf bud, ヨウガ
• 화아(花芽), flower bud, カガ

눈이 전개하여 잎이나 슈트가 되는 눈을 잎눈이라 한다. 또, 전개하여 꽃 또는 꽃차례가 되는 눈을 꽃눈이라고 하며, 보통 꽃눈은 잎눈보다 약간 통통하고 짧은 것이 특징이다.

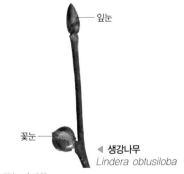

잎눈

꽃눈

◀ 생강나무
Lindera obtusiloba

| 꽃눈과 잎눈

■ 섞임눈

• 혼아(混芽), mixed bud, コンガ

전개하여 잎과 꽃 또는 꽃차례 모두가 되는 되는 눈을 섞임눈이라 한다. 딱총나무, 말오줌나무 등에서 볼 수 있다.

섞임눈   잎눈

◀ 딱총나무
Sambucus williamsii
var. *coreana*

| 섞임눈

| 섞임눈
섞임눈이 전개한 모양

▲ 말오줌나무
Sambucus sieboldiana
var. *pendula*

■ 휴면눈

• 휴면아(休眠芽), dormant bud, キュウミンガ

눈이 만들어진 뒤, 어떤 발달 단계에서 발육을 정지한 눈을 휴면눈이라고 한다. 곁눈의 대부분은 휴면눈이며, 끝눈이 없어지면 다시 발육을 시작한다. 긴 휴면을 지속하는 눈을 숨은눈이라 한다.

■ 겨울눈, 여름눈

• 동아(冬芽), winter bud, トウガ
• 하아(夏芽) summer bud, カガ

온대지방의 수목과 다년초 등은 겨울에 휴면눈을 가지는데, 이것을 겨울눈이라 한다. 이에 대해, 여름에 휴면상태에 있는 눈을 여름눈이라고 한다.

■ 숨은눈

• 잠복아(潛伏芽), latent bud, センプクガ

겨울눈이나 여름눈은 보통 부적기를 지낸 후, 새 시즌 중에 새로운 슈트를 신장시키는 데 대해, 2시즌 이상에 걸쳐 휴면상태가 지속되는 눈을 숨은눈이라 한다.
대부분의 숨은눈은 활동을 정지한 채로 끝나지만, 은행나무나 자작나무과 오리나무속 등은 수년 후에도 활동을 재개한다.

■ 비늘눈, 맨눈

• 인아(鱗芽), scaled bud, リンガ
• 나아(裸芽), naked bud, ラガ

겨울눈을 덮어 이것을 보호하는 인편엽을 눈비늘 芽鱗, bud scale이라 한다. 눈비늘에 덮여있는 눈을 비늘눈이라 하며, 눈비늘에 덮여있지 않은 눈을 맨눈이라 한다.

| 비늘눈

▲ 졸참나무
Quercus serrata

| 맨눈

▲ 작살나무
Callicarpa japonica

■ 묻힌눈, 반묻힌눈

- 은아(隱芽), concealed bud, インガ
- 반은아(半隱芽), semiconcealed bud,
  ハンインガ

엽침葉枕 등의 조직내부 속에 숨어 있어서, 외부에서는 보이지 않는 눈을 묻힌눈이라 한다. 아까시나무, 다래나무 등이 그 예이다. 또 회화나무의 겨울눈은 잎자국 아래에 숨어 있지만, 흑갈색 털로 덮인 일부가 보이기 때문에 반묻힌눈이라 한다.

◀ 아까시나무
Robinia pseudoacacia

| 묻힌눈
겨울눈이 잎자국 아래 숨어있다.

◀ 회화나무
Sophora japonica

| 반묻힌눈
잎자국 아래의 눈이 조금 보인다.

■ 엽병내아

- 엽병내아(葉柄內芽), intrapetiolar bud,
  ヨウヘイナイガ

눈이 잎자루의 밑부분에 싸여 있어서 잎이 떨어질 때까지 보이지 않는 것을 엽병내아라 한다. 황벽나무, 쪽동백나무, 양버즘나무, 박쥐나무 등이 엽병내아를 가진다.

◀ 쪽동백나무
Styrax obassia

| 엽병내아
잎자루에서 분리된 겨울눈

■ 구슬눈

- 주아(珠芽), propagule, ムカゴ

잎겨드랑이에 생기는 구슬 모양의 다육질화한 눈으로 영양분을 저장하며, 어미식물체에서 떨어져 영양번식을 한다. 참마와 같이 잎이 발달하지 않고 줄기가 비대해져 구슬 모양으로 된 것肉芽, brood, 협의의 구슬눈과 참나리와 같이 줄기가 신장하지 않고 잎이 다육질로 변해 구슬 모양으로 된 것鱗芽, bulbil이 있다.

◀ 참마
Dioscorea japonica

| 구슬눈
줄기가 비대해진 구슬 모양의 눈

◀ 참나리
Lilium lancifolium

| **구슬눈**
잎이 다육질로 변한 눈

■ 고아

• 고아(高芽), タカメ

꽃눈이 잎눈으로 바뀌고 뿌리가 생기는 현
상을 말하며, 온도와 수분, 비료 등의 환경
과 재배조건의 변화가 원인이다. 난초과 석
곡속*Dendrobium* 등에서 볼 수 있다.

◀ 덴드로비움 아둔쿰
Dendrobium aduncum

| **고아**

PART 05

뿌리

■ 뿌리

- 근(根), root, ネ

뿌리는 땅속에서 수분과 무기염류를 흡수하고, 식물의 지상부를 지지하는 역할을 하는 관다발식물의 영양기관이다.

■ 뿌리골무, 뿌리털

- 근관(根冠), root cap, コンカン
- 근모(根毛), root hair, コンモウテイガ

뿌리는 외형적으로는 선단에 뿌리골무가 있고, 선단 가까이에 뿌리털을 가지고 있다. 뿌리골무는 뿌리의 생장점을 모자 모양으로 덮고 있는 보호조직으로, 뿌리의 연약한 정단분열조직을 보호하는 기능을 수행한다. 뿌리털은 뿌리끝 부근에 밀생하는 조직으로, 뿌리의 표면적을 증가시켜 수분을 효율적으로 흡수하는 역할을 한다.

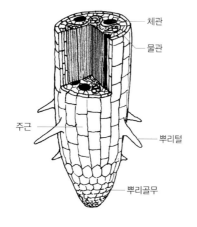

뿌리의 구조

■ 근계

- 근계(根系), root system, コンケイ

지상의 슈트shoot계에 대해, 지하기관 전체의 형상을 근계라 한다. 뿌리, 땅속줄기, 구근이 포함되며 식물체를 고착시키는 동시에 물이나 영양을 흡수하는 역할을 한다.
일년생초본은 원뿌리와 곁뿌리가 하나의 근계를 형성하는데 이것을 일차근계一次根系, primary root system라 한다. 이에 대해, 다년생초본은 땅속줄기地下茎가 있고 여기에서 뿌리가 발생하는 경우에 이를 모두 하나의 근계로 보는데 이것을 이차근계二次根系, secondary root system라 한다.

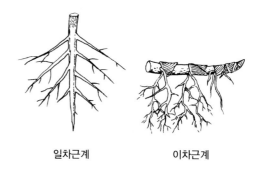

일차근계   이차근계

■ 정근, 부정근

- 정근(定根), root, テイコン
- 부정근(不定根), adventitious root, フテイコン

원뿌리와 원뿌리에서 분지하여 생긴 곁뿌리를 정근이라고 하며, 그 이외의 뿌리는 모두 부정근 또는 막뿌리라고 한다. 줄기나 잎에 생긴 뿌리, 삽목번식으로 생긴 뿌리, 외떡잎 식물의 수염뿌리, 알뿌리에서 생긴 뿌리 등이 부정근이다. 또, 공기뿌리氣根와 기는줄기 匍匐莖에서 생긴 뿌리도 부정근에 해당한다.

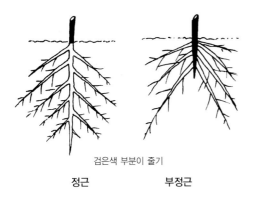

검은색 부분이 줄기

정근   부정근

■ 원뿌리, 곁뿌리

- 주근(主根), taproot, シュコン
- 측근(側根), lateral root, ソクコン

배胚의 어린뿌리幼根가 발육하여 굵어진 것을 원뿌리라 하고, 겉씨식물과 쌍떡잎식물에 잘 발달해 있다. 곁뿌리는 원뿌리에서 분기하여 생긴 뿌리로, 원뿌리의 피층과 표피 등을 관통하여 표면에 나온 것을 말한다.

대부분의 외떡잎식물은 원뿌리의 생장이 빨리 멈추고, 부정근이 잘 발달하여 수염뿌리가 되므로 원뿌리와 곁뿌리의 구별이 없다.

원뿌리와 곁뿌리

■ 수염뿌리

- 수근(鬚根), fibrous root, シュコン

종자가 싹이 튼 후 원뿌리가 퇴화하고, 그 대신에 씨눈줄기胚軸의 하부나 어린 줄기 등으로부터 이차적으로 자라난 뿌리를 수염뿌리라고 한다. 수염뿌리는 그 수가 많고 굵기가 균일하며, 내피內皮, endodermis가 현저하게 발달된 것이 특징이다.

수염뿌리

■ 어미덩이, 새끼덩이

- 모구(母球), mother tuber, ボキユウ
- 자구(子球), cormlet, シキユウ

인공번식에 이용되는 알뿌리球根 또는 비늘조각鱗片을 어미덩이라 하며, 새로 만들어진 알뿌리를 새끼덩이라 한다. 또, 새끼덩이의 기부에 형성된 작은 알뿌리를 목자木子, cormel라고 한다.

백합과 백합속의 땅속줄기의 잎겨드랑이에 만들어진 작은 비늘줄기鱗莖나 글라디올러스, 후리지아 등의 새끼덩이 밑부분에 만들어지는 작은 알줄기球莖가 이에 해당한다.

뿌리는 잎이나 줄기와 마찬가지로 내부구조
상 표피계, 기본조직계, 관다발계의 3조직
으로 되어 있으며, 줄기와 마찬가지로 분류
군에 의한 큰 차이는 없다.

다. 저장이 주요 기능이며, 피층을 형성하는
유세포에 녹말을 저장하는 많은 전분체가
있다. 일반적으로 피층에는 물흡수와 산소
호흡을 위한 커다란 세포간극이 존재한다.

■ 표피

• 표피(表皮), epidermis, ヒョウヒ

뿌리의 표피도 다른 기관과 마찬가지로 기
본적인 세포는 한 층이다. 땅속으로 뻗어 벗
겨지면, 겉씨식물이나 목본 쌍떡잎식물에서
는 주피周皮, periderm를, 일부 양치식물이나
외떡잎식물에서는 외피外皮, exodermis를 만
들어 조직 내부를 보호한다.

■ 중심주

• 중심주(中心柱), stele, チュウシンチュウ

중심주는 뿌리의 중심을 세로로 지나가는
부분으로, 물과 양분의 통로인 관다발이
있다. 중심주 가장 바깥쪽은 내초이며 내초
는 유조직세포로 구성되어 있고, 여기에서
수층분열垂層分裂, anticlinal division에 의해 곁
뿌리가 발생한다.

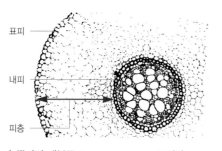

표피
내피
피층

| 뿌리의 내부구조　　　　▲ 나리
　　　　　　　　　　　　Lilium speciosum

■ 피층

• 피층(皮層), cortex, ヒソウ

표피와 내초內鞘, pericycle 사이, 즉 외피와 내
피 및 이들 사이에 있는 유조직柔組織을 말한

■ 저장근

- 저장근(貯藏根), storage root, チョゾウコン

땅속뿌리地中根, terrestrial의 변태 중에서 가장 많은 것이 전분과 이눌린inulin 등의 양분이나 물을 저장하여 비대해진 저장근이다. 저장근은 형태적으로 덩이뿌리와 다육근으로 분류할 수 있다.

❶ 덩이뿌리

- 괴근(塊根), tuberous root, カイコン

뿌리가 양분을 비축하여 비대해져서, 덩이 모양을 이루는 것을 말한다. 다알리아, 라눈쿨루스 등이 이에 속한다. 상부에 줄기의 기부가 붙어 있지 않은 것은 눈이 생기지 않는다. 그러나 고구마는 덩이뿌리가 붙어있지만, 부정근이 생기므로 상부에 줄기의 기부가 없어도 눈이 생긴다. 무나 순무 등과 같이 한·두해살이 초본식물에서는 뿌리가 비대해져도 덩이뿌리라 하지 않고, 다육근이라 한다. 또 방추형紡錘形으로 비대해진 뿌리를 특별히 방추근紡錘根, spindle root라 하며 맥문동, 선이질풀, 깨꽃 등에서 볼 수 있다.

◀ 라눈쿨루스
Ranunculus

| 덩이뿌리

❷ 다육근

- 다육근(多肉根), fleshy root, タニクコン

원뿌리나 씨눈줄기胚軸가 비대해진 것을 다육근이라 한다. 다육근은 덩이뿌리에 포함되어 취급되는 경우가 많다. 무, 순무, 당근 등이 이에 속한다.

◀ 무
Raphanus sativus

| 다육근

■ 견인근

- 견인근(牽引根), traction root, ケンインコン

백합과 백합속이나 글라디올러스, 후리지아 등 어미덩이 위에 새끼덩이가 생기는 알뿌리식물에서 생육 초기에 새끼덩이에 생기는 굵은 부정근을 견인근이라 한다. 건조기에는 수축하여 새끼덩이를 땅속으로 끌어들여 건조로부터 보호하는 역할을 한다.

또, 알뿌리가 매년 새로운 알뿌리를 갱신하지 않는 것에서도 볼 수 있다.

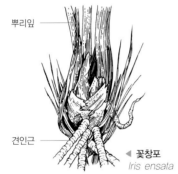

| 견인근

◀ 꽃창포
Iris ensata

■ 공기뿌리

- 기근(氣根), aerial root, キコン

공기뿌리는 가는줄기莖나 굵은줄기幹에서 공기 중으로 성장한 뿌리로 부정근의 일종이다. 형태와 기능에 따라 다음과 같이 구분된다.

❶ 버팀뿌리

- 지지근(支持根), prop root, シジコン

지상부에서 사방으로 뻗어 식물체를 지지하는 역할을 하는 뿌리로, 판다누스과 판다누스속*Pandanus*이나 망그로브의 일종인 팔중산홍수*Rhizophora mucronata*에 잘 발달되어 있다. 인도고무나무류에서도 흔하게 보이며, 대만고무나무와 벵갈고무나무에서도 아래로 처진 지주뿌리가 지상에 닿으면 뿌리를 내고, 곧 줄기처럼 변해서 한 그루의 나무가 숲처럼 보이기도 한다. 작지만 옥수수에서도 볼 수 있다.

◀ 판다누스 우틸리스
Pandanus utilis

◀ 옥수수
Zea mays

| 버팀뿌리

❷ 보호근

- 보호근(保護根), protective root, ホゴコン

땅위줄기에서 발생한 여러 개의 가는 공기뿌리가 얽혀서 두껍고 딱딱한 층을 이루어 줄기를 덮은 것을 말한다. 수피보호, 수분유지, 줄기지지 등의 역할을 한다.

나무고사리인 헤고*Cyathea spinulosa* 등에서 볼 수 있으며, 판 모양 또는 기둥 모양으로 자른 것을 헤고재材라 한다. 헤고재는 원예적으로 착생식물이나 덩굴식물의 재배에 많이 이용된다.

◀ 헤고
Cyathea spinulosa

| 보호근

❸ 호흡근

- 호흡근(呼吸根), respiratory root,
  コキュウコン

습지 등에서 자라는 식물은 대부분 땅속의 산소가 부족하기 때문에, 뿌리의 일부를 공기 중으로 내어 호흡을 돕고 있다. 이러한 공기뿌리를 호흡근이라 하며, 형상에 따라 다음과 같이 분류한다.

■ 직립근

- 직립근(直立根), erect root, チョクリツコン

수직으로 성장하며, 맹그로브의 소네라티아 알바*Sonneratia alba* 등에서 볼 수 있다.

■ 굴곡슬근

- 굴곡슬근(屈曲膝根), curved knee-root,
  クッキョクザコン

상하로 굴곡하면서 옆으로 뻗어 곳곳에서 지상부로 나와 뒤쪽이 융기하는 것으로, 홍수과의 수홍수*Bruguiera gymnorrhiza* 등에서 볼 수 있다.

■ 직립슬근

- 직립슬근(直立膝根), erect knee-root,
  チョクリツザコン

옆으로 뻗은 뿌리의 뒷부분이 국부적으로

비대해져 기둥 모양으로 변한 것으로, 낙우송 등에서 볼 수 있다.

| 호흡근-직립슬근
호흡근이 지면에 나와 있다.

▲ 낙우송
Taxodium distichum

■ 판근

- 판근(板根), buttress root, バンコン

옆으로 뻗은 뿌리의 뒷쪽만 비대해져서 병풍 모양으로 변한 것으로, 열대우림에서 흔히 볼 수 있다. 판근의 하단부는 수평으로 갈라져서 땅속으로는 뻗지 않고 거의 지면에 퍼져있다. 은엽판근*Heritiera littoralis* 등에 흔히 발달해 있다.

◀ 케폭
Ceiba pentandra

| 호흡근-판근

❹ 흡수근

- 흡수근(吸水根), absorptive root,
  キュウスイコン

난초과 식물에서 많이 볼 수 있다. 뿌리의 표면이 근피根被, velamen라 불리는 해면 모양의 조직으로 덮여 있어서 공중습기나 강우시 물을 흡수하는 역할을 한다.

◀ 아캄페 리지다
Acampe rigida

| 흡수근

❺ 부착근

• 부착근(付着根), adhesive root, フチャクコン

줄기에서 발생하는 공기뿌리로, 다른 물체에 붙어서 식물체를 지지하는 뿌리를 말한다. 줄기로 다른 물체를 감거나 덩굴손이나 가시 등으로 감아서 타고 올라가는 덩굴식물에 있으며 담쟁이덩굴, 능소화, 송악 등에서 볼 수 있다.

◀ 담쟁이덩굴
Parthenocissus
tricuspidata

| 부착근

❻ 동화근

• 동화근(同化根), assimilation root, ドウカコン

잎이나 줄기가 거의 발달하지 않고 잎 대신 광합성을 영위하는 뿌리로, 평편하거나 봉 모양이고 녹색을 띤다. 거미란 등에서 볼 수 있다.

◀ 거미란
Taeniophyllum
glandulosum

| 동화근

■ 기생근

• 기생근(寄生根), parasitic root, キセイコン

기생식물 또는 반기생식물이 숙주식물에서 영양분이나 수분을 얻기 위해 뻗은 특수화한 뿌리를 기생근이라 한다. 겨우살이나 새삼의 뿌리가 있다.

◀ 겨우살이
Viscum album

| 기생근

■ 수중근

• 수중근(水中根), aquatic root, スイチュウコン

수중에 있는 뿌리로 식물을 고착하거나 지지하지는 않으며, 물속의 양분을 흡수하거나 식물이 뒤집히지 않도록 균형을 잡는 역할을 한다. 개구리밥, 마름, 부레옥잠 등이 있다.

PART 06

식물의 분류

■ 식물분류학

> • 식물분류학(植物分類學), plant taxonomy,
>   ショクブツブンルイガク

오늘날 분류학으로 이어지는 학문적 기초를 구축한 것은 분류학의 아버지로 불리는 유명한 스웨덴의 식물학자 칼 폰 린네Carl von Linné, 1707~1778이다. 그는 최초로 생식기관을 식물의 분류기준으로 사용하여, 식물을 꽃의 암술과 수술의 개수와 배치에 따라 24개의 강綱, class으로 분류하였다. 또한 현대까지 이어져오는 명명법인 이명법二名法, binominal nomenclature을 확립시킨 것도 그의 가장 큰 분류학적 업적이라 할 수 있다. 그러나 아직 진화론이 발표되기 이전이고, 종은 불변하는 것이라는 생각과 각 식물집단의 자연적 계통관계를 중시하지 않는 등, 현대의 분류학에서 보면 인위적인 분류법이었다. 비교적 자연의 계통관계를 반영한 분류법을 보인 것은 프랑스의 쥐시외Jussieu, 1748~1836라 할 수 있다.

19세기 중반에 다윈Darwin, 1809~1882, 월리스Wallace, 1823~1913에 의해 진화론이 발표되면서, 식물분류학도 이에 자극을 받아서 식물이 진화해 온 역사를 반영하여, 각 분류군의 유연관계와 계통을 밝히려는 계통분류학으로 발전해간다.

이러한 계통분류법 중에서 가장 유명한 것이 독일의 엥글러Engler, 1844~1930가 제창한 '엥글러의 체계'로 세계의 식물학자에 많은 영향을 주었다. 최근까지는 미국의 식물학자 크론퀴스트Cronquist, 1912~1992가 발표한 '크론퀴스트의 체계'도 많이 채용되고 있다. 이들 계통분류법은 단순한 구조를 가진 꽃에서 복잡한 구조의 꽃이 진화했다는 가설에 기초한 것으로 분류군 사이의 유사성에 의해 체계화되었다.

한편 1990년대 이후에는 DNA해석에 의한 분자계통학의 발전에 따라 그 성과에 기초한 새로운 분류체계가 발표되고 있다. 1998년에는 속씨식물이 APG식물분류체계로 정리되었고, 그 후 2003년에 APGⅡ로 개정되었으며, 2009년에는 제2차 개정판 APGⅢ가 공표되었다. APG는 이 분류를 실행하는 연구그룹속씨식물 계통발생 그룹 : The Angiosperm Phylogeny Group의 약칭이며, 속씨식물만 취급하고 있다.

■ 종자식물, 포자식물

> • 종자식물(種子植物), seed plant,
>   シュシショクブツ
> • 포자식물(胞子植物), spore plant,
>   ホウシショクブツ

종자식물은 종자로 번식하는 식물군을 말한다. 꽃을 피우는 식물이란 의미의 현화식물顯花植物, phanerogam과 거의 같은 의미로 사용되고 있다. 하지만 '꽃'의 정의를 광의로 할 것인지 협의로 할 것인지에 따라, 그 의미가 다르기 때문에 최근에는 종자식물로 부르는 경우가 많다. 종자식물은 겉씨식물과 속씨식물로 대별된다. 포자식물은 포자로 번식하는 식물군을 말하며, 꽃을 피우지 않는 식물이란 의미의 은화식물隱花植物, cryptogam과 같은 의미로 사용되기도 한다. 포자식물은 이끼식물, 양치식물, 조류로 대별된다.

◀ 봉선화
Impatiens
balsamina

| 종자식물

◀ 쇠뜨기
Equisetum
arvense

| 포자식물

■ 양치식물

• 양치식물(洋齒植物), pteridophyta, シダショクブツ

양치식물은 관다발식물 중에서 꽃이 피지 않고 포자로 번식하는 종류를 말한다. 다른 종류의 포자식물에는 관다발이 없다.
오늘날 존재하는 대표적인 양치식물로는 고사리와 석송이 있고, 열대와 아열대지방을 중심으로 약 1만 5천 종 정도가 분포한다.

◀ 아스플레니움
니두스
Asplenium nidus

| 양치식물

■ 겉씨식물, 속씨식물

• 나자식물(裸子植物), gymnosperm,
ラシショクブツ
• 피자식물(被子植物), angiosperm,
ヒシショクブツ

겉씨식물은 밑씨가 씨방에 싸여있지 않은 종자식물을 말한다. 잎의 잎맥은 기본적으로 차상맥叉狀脈이지만, 침엽수에서는 특수화하여 하나의 잎맥만 있는 것도 많다. 열매를 만들지 않으며 종자는 드러난 상태이다. 세계적으로 약 740 종 정도가 알려져 있다.
겉씨식물에 대해, 밑씨가 씨방에 싸여있는 종자식물을 속씨식물이라고 한다. 종자가 성숙하면 씨방이 비대해져서 열매를 만든다. 잎맥은 그물맥網狀脈 또는 나란히맥平行脈이다. 세계적으로 22만~23만 종 정도가 알려져 있으며, 외떡잎식물과 쌍떡잎식물로 대별된다.

◀ 소나무(암꽃)
Pinus densiflora

| 겉씨식물의 꽃
밑씨가 과린 내부에 드러난 상태로 붙어 있다.

밑씨 ──── 씨방

◀ 왕벚나무
Prunus yedoensis

| 속씨식물의 꽃
밑씨가 씨방에 싸여 있다.

■ 외떡잎식물, 쌍떡잎식물

- 단자엽식물(單子葉植物), monocotyledon, タンシヨウシヨクブツ
- 쌍자엽식물(雙子葉植物), dicotyledon, ソウシヨウシヨクブツ

속씨식물은 떡잎의 수에 의해 외떡잎식물과 쌍떡잎식물 두 가지로 나뉘어진다. DNA해석을 기초로 한 분류체계에서는 쌍떡잎식물을 진화의 과정에서 외떡잎식물보다 전에 발생한 그룹과 나중에 발생한 그룹으로 대별하고 있다. 외떡잎식물 중에서는 난초과, 쌍떡잎식물 중에서는 국화과를 가장 진화한 식물군으로 보고 있다.

| 외떡잎식물

▲ 옥수수
Zea mays

| 쌍떡잎식물

▲ 봉선화
Impatiens balsamina

■ 외떡잎식물과 쌍떡잎식물의 차이

	외떡잎식물	쌍떡잎식물
뿌리	원뿌리의 생장이 일찍 정지하고, 부정근이 발달하여 수염뿌리가 된다. 원뿌리와 곁뿌리의 구별이 없다.	배(胚)의 어린뿌리가 발육하여 원뿌리가 되고, 원뿌리에서 곁뿌리가 분기한다.
줄기	관다발의 목부가 별로 발달하지 않고, 부드러운 초질의 줄기인 풀줄기를 갖는 것이 많다. 그러나 종려과, 용설란과 등의 예외도 있다. 줄기의 관다발 수가 많고 산재해 있다.	줄기의 관다발의 수가 적고, 보통 원형으로 늘어서있다.
떡잎 수	1장	2장 (앵초과 시클라멘속 등은 1장)
잎	보통 홑잎이고, 가장자리는 전연인 것이 많지만, 종려과와 같이 겹잎인 것과 천남성과 등과 같이 가장자리가 파인 것도 있다. 잎맥은 나란히맥이지만 천남성과 등에서는 그물맥을 가진 것도 있다.	잎의 형태는 다양하며, 톱니 또는 가장자리가 파인 잎이 많다. 잎맥은 그물맥이다.
꽃	꽃의 각부는 보통 3 또는 3의 배수로 된 삼수화(三數花). 난초과와 같이 특수화된 예외도 있다. 씨방은 보통 3실로 나뉘지만, 1개로 구성된 예외도 있다.	꽃의 각부는 2, 4, 5 또는 그 배수이다. 씨방의 실의 수도 이 각부의 수와 같은 것이 많다.

■ 관다발식물, 비관다발식물

- 유관속식물(維管束植物), vascular plants, イカンソクショクブツ
- 비유관속식물(非維管束植物), non-vascular plant, ヒイカンソクショクブツ

관다발이 발달하여 지상의 나뭇가지와 잎이 무성하며, 육상생활에 적응된 형태의 식물을 관다발식물이라 한다. 속씨식물, 겉씨식물, 양치식물이 이에 해당된다.

관다발을 가지지 못한 식물을 편의상 비관다발식물이라고 부르며 계통적으로는 그다지 진화하지 못한 식물군이다. 비관다발식물은 줄기와 잎의 구별이 없어서, 엽상식물葉狀植物, thallophyte이라고 부르기도 한다. 또, 관다발식물은 비관다발식물에 비해 육상생활에 보다 적합하기 때문에 관다발식물을 고등식물高等植物, higher plant, 비관다발식물을 하등식물下等植物, lower plant이라 부르기도 한다.

◀ 석송
Lycopodium clavatum

| 관다발식물

◀ 우산이끼
Marchantia polymorpha

| 비관다발식물

■ 육상식물

- 육상식물(陸上植物), land plant, リクジョウショクブツ

계통분류학상의 용어로 이끼식물, 양치식물, 종자식물의 총칭이다. 주로 지상에서 생활하기 때문에 붙여진 이름이지만, 수생식물의 반대되는 용어는 아니며, 수중에서 생육하는 식물도 포함한다. 모두 배胚를 만들기 때문에 유배식물有胚植物, embryophyte이라고도 한다. 또, 이끼식물과 양치식물을 일괄해서 장란기식물藏卵器植物, archegoniatae라고 한다.

■ 육상식물의 분류

	쌍떡잎식물류 (165,000종)	속씨식물	종자식물	관다발식물
	외떡잎식물류 (55,000종)			
	구과류 (540종) 마황류 (60종)	겉씨식물		
	소철류 (140종)			
	은행나무류 (1종)			
	고사리류 (11,000종)	양치식물	포자식물	
	석송류 (1,300종)			
	속새류 (15종)			
	선태식물류 (10,000종) 각태식물류 (400종) 우산이끼류 (8,000종)	이끼식물		비관다발식물
	차축조류 (11,000종) 수중생활	담수조		

■ 라운키에르의 생활형

생활양식을 반영한 형태적 특징에 의한 분류를 생활형 生活形, life form이라 한다. 초본이나 목본 등의 유형도 생활형에 포함되지만, 일반적으로 라운키에르 Raunkiaer, 1860~1938

의 휴면형 休眠型, dormancy type이 널리 이용되고 있다. 이것은 종자식물을 한기나 건기 등 생활부적기의 휴면눈의 위치에 따라 6종류로 분류하였다.

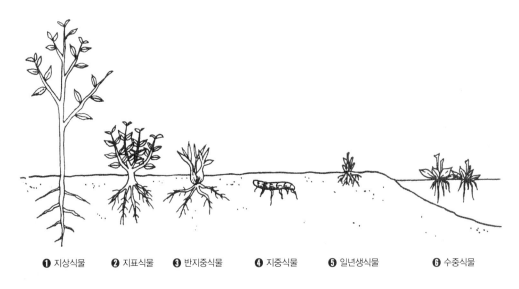

❶ 지상식물   ❷ 지표식물   ❸ 반지중식물   ❹ 지중식물   ❺ 일년생식물   ❻ 수중식물

라운키에르의 생활형 모식도

❶ 지상식물

• 지상식물 (地上植物), phanerophyte (Ph), チジョウショクブツ

생육부적기에 지상 25cm 이상의 높이에 휴면눈을 가지는 식물을 말한다. 이 가운데 휴면눈의 위치가 30m 이상인 것을 대교목 大喬木, macrophanerophyte (Mg), 8~30m인 것을 중교목 中喬木, mesophyte (Ms), 2~8m인 것을 소교목 小喬木, microphanerophyte (Mc), 25cm~2m인 것을 관목 灌木, nanophanerophyte (N)이라 한다.

❷ 지표식물

• 지표식물 (地表植物), chamaephyte (CH), チヒョウショクブツ

생육부적기에 휴면눈이 지상 0~25cm 높이에 있는 식물로, 포복성식물이나 왜성관목이 이에 해당한다.

❸ 반지중식물

• 반지중식물 (半地中植物), hemicryptophyte (H), ハンチチュウショクブツ

생육부적기에 휴면눈이 땅위줄기地上莖의 기부나 지표면 가까이 생기는 식물로, 온대 혹은 한대 초본이 많다.

❹ 지중식물

• 지중식물(地中植物), geophyte(G), チチュウショクブツ

생육부적기에 휴면눈을 지표면에서 떨어진 곳에 땅속줄기地下莖로 가지는 식물로, 반지중식물보다 건조함에 잘 견딜 수 있으므로 장기간 건기가 지속되는 곳에 많다.

❺ 일년생식물

• 일년생식물(一年生植物), therophyte(Th), イチネンセイショクブツ

생육부적기를 종자로 지내고 발아에서 결실까지의 생활사를 1년 이내에 끝내는 식물로, 건조지나 한냉지에 많다.

❻ 수중식물

• 수중식물(水中植物), hydrophyte(HH), スイチュウショクブツ

생육부적기에 휴면눈을 수면 하의 땅속줄기로 가지는 습생식물濕生植物, helophyte(He)과 수중에 줄기를 가지는 수중식물水中植物, hydrophyte(Hy)로 분류된다.

■ 양생식물, 음생식물

• 양생식물(陽生植物), sun plant, ヨウセイショクブツ
• 음생식물(陰生植物), shade plant, インセイショクブツ

내음성이 약하고 주로 양지에서 생육하는 식물을 양생식물이라 한다. 소나무, 곰솔, 밤나무, 자작나무, 오동나무, 은행나무 등 양지성 목본류를 양수陽樹, sun tree라고 한다. 이에 대해, 내음성이 강하고 주로 음지에서 생육하는 식물을 음생식물이라 한다. 음생식물은 양생식물보다 광합성 속도가 일정하게 되는 빛의 세기와 광보상점이 낮기 때문에 약한 빛에서도 잘 생장한다. 팔손이, 식나무, 사스레피나무, 동백나무, 너도밤나무, 솔송나무 등의 음지성 목본류를 음수陰樹, shade tree라고 한다.

◀ 소나무
Pinus densiflora

| 양수

◀ 팔손이
Fatsia japonica

| 음수

■ 중생식물

• 중생식물(中生植物), mesophyte, チュウセイショクブツ

건생식물과 습생식물의 중간 성질을 가지

며, 적당한 습기가 있는 곳에서 생육하는 식물을 중생식물 또는 적윤식물適潤植物이라 한다. 열대 · 온대 · 한대를 불문하고, 일반적으로 흔히 볼 수 있는 식물은 대부분 중생식물이다.

◀ 틸란드시아 이오난사
Tillandsia ionantha

| 건생식물

■ 건생식물

- 건생식물(乾生植物), xerophyte, カンセイショクブツ

사막 등의 건조한 땅, 염분이 많은 환경, 저온으로 인해 수분흡수가 어려운 장소에 생육하는 식물로, 형태적 혹은 기능적으로 건조에 잘 견디는 성질을 가진 식물을 건생식물이라 한다. 다육식물도 포함되지만, 모든 건생식물이 다육식물은 아니다.

근계根系가 잘 발달되어 있거나, 잎을 말아서 증산작용량을 감소시키거나, 잎에 있는 털로부터 안개 등에서 수분을 얻기 쉽도록 되어 있는 등 증산량보다 흡수량을 많게 하여 수분이 부족한 환경에 적응하고 있다. 착생식물도 항상 안정된 수분공급이 이루어지지 않아 건생식물로 분류되는 것이 많다.

■ 수생식물

- 수생식물(水生植物), hydrophyte, スイセイショクブツ

연못이나 강, 호수 등의 물속 또는 물가에 생육하는 식물을 총칭하여 수생식물이라고 한다. 일반적으로 관다발식물을 대상으로 하며, 식물플랑크톤이나 해조류는 포함되지 않는다. 다음과 같은 유형으로 분류된다.

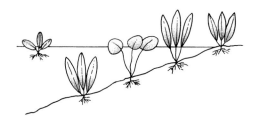

| 부유식물 | 침수식물 | 부엽식물 | 정수식물 | 습생식물 |
| 수생식물 | | | | |

❶ 정수식물

- 정수식물(挺水植物), emergent plant, テイスイショクブツ

뿌리는 물밑의 토양에 박고 있지만, 줄기나 잎의 일부 또는 대부분이 공기 중에 뻗어 있는 식물을 말한다.

◀ 유카
Yucca gloriosa

| 건생식물

추수식물抽水植物이라고도 한다. 부들, 갈대,
줄, 연꽃 등이 이에 속한다.

◀ 연꽃
Nelumbo nucifera

◀ 부들
Typha orientalis

| 정수식물

❷ 부엽식물

• **부엽식물(浮葉植物), floating leaved plant,**
フヨウショクブツ

뿌리는 물밑의 토양에 박고 있으나, 잎이 물
위에 떠있는 식물을 말한다. 가시연, 수련,
마름 등이 이에 속한다.

◀ 수련
Nymphaea tetragona

◀ 마름
Trapa japonica

| 부엽식물

❸ 침수식물

• **침수식물(沈水植物), submerged plant,**
チンスイショクブツ

식물체 전체가 완전히 물속에 잠겨 있고, 뿌
리는 물밑의 토양에 박고 있는 수생식물을
말한다. 꽃이 필 때는 생식기가 수면에 떠오
른다. 나사말, 물수세미 등이 이에 속한다.

◀ 물수세미
Myriophyllum verticillatum

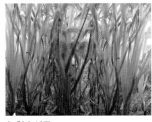

◀ 나사말
Vallisneria natans

| 침수식물

❹ 부유식물

• **부유식물(浮游植物), freefloating plant,**
フユウショクブツ

뿌리가 물밑의 토양에 붙지 않고, 식물체 전
체가 수면에 떠서 생육하는 식물을 말한다.
부표식물浮漂植物이라고도 한다. 부레옥잠,
생이가래, 벌레먹이말 등이 이에 속한다.

◀ 부레옥잠
Eichhornia crassipes

◀ 생이가래
Salvinia natans

| 부유식물

❺ 습생식물

- 습생식물(濕生植物), hygrophyte,
シッセイショクブツ

습윤한 수변이나 습지에서 생육하는 식물을
총칭하여 습생식물이라고 한다. 고마리, 해
오라비난초, 칼라 등이 이에 속한다.

◀ 물칼라
Zantedeschia aethiopica

◀ 해오라비난초
*Habenaria
radiata*

| 습생식물

■ 착생식물

- 착생식물(着生植物), epiphyte,
チャクセイショクブツ

지면에서 뿌리를 박고 살아가는 식물을 지
생식물地生植物이라 한다. 이에 대해, 나무의

줄기나 노출된 바위 등에 공기뿌리氣根 등을
내려 살아가는 식물을 착생식물이라고 한
다. 일반적으로 착생식물은 고온다습한 환
경을 좋아하기 때문에 고위도로 올라갈수록
적어지는 경향이 있다.

착생식물을 가장 많이 볼 수 있는 곳은 열대
지방의 높은 지역에 발달하는 운무림雲霧林
이라 불리는 삼림대이며, 항상 구름이 끼어
있고 높은 습도와 적당한 온도가 유지되는
것이 특징이다. 난초과 식물과 양치식물 등
이 대표적인 착생식물이다.

◀ 박쥐란
Platycerium bifurcatum

◀ 덴드로비움
스페치오숨
*Dendrobium
speciosum*

| 착생식물

■ 암생식물

- 암생식물(岩生植物), lithophyte,
ガンセイショクブツ

바위 표면의 얇게 덮인 토양에서 생육하는
식물을 암생식물이라 한다. 공기뿌리 등으
로 직접 바위 표면에 붙어있는 경우는 착생

식물에도 포함된다. 또, 바위틈이나 틈새의 쌓인 흙 등에서 생육하는 식물을 암극식물岩隙植物, chasmophyte이라 한다. 바위의 종류에 따라 석회암식물, 사문암식물 등으로 구분하기도 한다.

◀ 부처손
Selaginella
involvens

◀ 연화바위솔
Orostachys
iwareng

| 암생식물

극지식물이라 한다. 키가 작은 초본이나 왜성관목이 이끼류나 지의류와 함께 생육하며, 고위도 지방으로 갈수록 지표식물指標植物, indicator plant의 비율이 증가된다. 월귤나무, 돌매화나무, 검은시로미 등이 있다.

◀ 눈잣나무
Pinus pumila

| 고산식물

◀ 검은시로미
Empetrum nigrum

| 극지식물

■ 고산식물, 극지식물

- 고산식물(高山植物), alpine plant, コウザンショクブツ
- 극지식물(極地植物), arctic plant, キョクチショクブツ

고산대高山帶, 즉 식물의 수직분포에서 삼림한계선 위에서 빙설대 아래의 고산지에 서식하는 식물을 고산식물이라 한다. 보통 해발고도 2,500m 이상에는 교목이 없고 관목뿐이며, 해발고도 1,500~2,500m에서는 주로 침엽수로 구성되어 있다. 눈잣나무, 산진달래, 바람꽃 등이 있다.

한대寒帶, 즉 식물의 수평분포에서 삼림한계선보다 고위도 지방에서 서식하는 식물을

■ 염생식물, 사구식물

- 염생식물(鹽生植物), halophyte, エンセイショクブツ
- 사구식물(砂丘植物), thinophyte, サキュウショクブツ

해안의 사구나 내륙의 염분이 많은 땅 등에 생육하며, 고농도의 염분에 잘 견디는 관다발식물을 총칭하여 염생식물이라 한다. 퉁퉁마디, 갯길경 등이 이에 속한다.

해안, 강, 사막 등의 모래땅, 즉 사구에 생육하는 식물을 사구식물이라 한다. 갯완두, 갯메꽃, 갯씀바귀 등이 이에 속한다.

또 일반적으로 해안가에 생육하는 식물을 해안식물海岸植物, coastal plant이라 한다.

◀ 갯길경
Limonium
tetragonum

| 염생식물

◀ 갯메꽃
Calystegia
soldanella

| 사구식물

리성 토양 양쪽 모두에서 잘 자라는 식물을 중성식물이라 한다.

◀ 고사리
Pteridium
aquilinum var.
latiusculum

| 산성식물

◀ 시금치
Spinacia
oleracea

| 염기성식물

■ 산성식물, 염기성식물, 중성식물

- 산성식물(酸性植物), acidic plant,
  サンセイショクブツ
- 염기성식물(鹽基性植物), alkaline plant,
  エンセイショクブツ
- 중성식물(中性植物), halophilous plant,
  チュウセイショクブツ

생육지 토양의 수소이온농도 pH에 따라 산성식물, 염기성식물, 중성식물로 구분할 수 있다.

산성식물은 pH7.0 이하의 산성토양에서 잘 자라거나, 산성에 저항성이 있는 식물을 말한다. 고사리, 밤나무, 철쭉류, 쇠뜨기 등이 이에 속한다. 염기성 토양에 적응하여 잘 자라는 식물을 염기성식물하며 시금치, 콩 등이 있다. 해안에서 생육하는 염생식물인 해홍나물, 퉁퉁마디 등도 이에 속한다.

또, pH7.0을 중심으로 산성 토양이나 알카

■ 맹그로브

- 홍수림(紅樹林), mangrove forest,
  マングローブ

열대 또는 아열대 해안의 사니지砂泥地, 하구의 습지대 등 해수와 담수 사이의 여러 가지 염류농도의 물이 출입하는 장소에 생육하는 관목이나 교목을 총칭하여 맹그로브라고 한다. 또 맹그로브로 구성된 군락을 맹그로브림이라고 한다. 맹그로브는 약 100종이 있으며, 버팀뿌리나 호흡근이 잘 발달한 것이 많다.

홍수과 *Rhizophoraceae*의 팔중산홍수, 수홍수, 암홍수 등에서는 어미식물에 열린 열매 속에서 종자가 발아하여 열매 밖으로 어린 뿌리가 뻗어 나오는 태생종자를 가진다.

◀ 수홍수
Bruguiera gymnorrhiza

| 맹그로브

◀ 팔중산홍수
Rhizophora mucronata

| 맹그로브

03 생활방법에 의한 분류

■ 기생식물

• 기생식물(寄生植物), parasitic plant,
キセイショクブツ

다른 식물에 의존해서 살아가는 식물을 기
생식물이라고 하며, 영양섭취의 형태나 기
관의 퇴화 정도는 종에 따라 다양하다.

리플레시아 등과 같이 광합성을 하지 않고
생존과 생식을 위해 숙주에만 붙어사는 전
기생식물 全寄生植物, holoparasite과 겨우살이
등과 같이 일부 광합성을 하는 반기생식물
半寄生植物, hemiparasite로 분류된다.

◀ 겨우살이
Viscum album var. coloratum

| 반기생식물

■ 부생식물

• 부생식물(腐生植物), saprophyte plant,
フセイショクブツ

생물의 유체 또는 그 분해물에서 뿌리를 공
생하는 균근균을 통하여 유기물을 흡수하여
유기영양을 공급받는 식물을 말한다. 노루
발, 매화노루발 등이 있다.

또 부생생물이라 할 때는 진균류眞菌類와 세

◀ 라플레시아
Rafflesia

| 전기생식물

균류細菌類를 포함하며, 이들은 자연계에서 분해자로서 중요한 역할을 하고 있다.

◀ 나도수정초
Monotropastrum humile

◀ 노루발
Pyrola japonica

| 부생식물

◀ 지의류

| 공생식물

■ 공생식물

• 공생식물(共生植物), symbiotic plant, キョウセイショクブツ

다른 생물과 생리적으로나 생태적으로 생활을 공유하여, 서로 생활상의 불이익을 받지 않는 현상을 공생이라 하며, 이러한 관계에 있는 식물을 공생식물이라 한다. 공생함으로써 쌍방이 모두 이익을 주고받는 경우를 상리공생 相利共生, mutualism, 한쪽만 이익을 보는 경우를 편리공생 片利共生, commensalism이라고 한다. 공생식물의 대표적인 예로는 진균류와 조류가 조직적으로 결합하여 공생체를 만드는 지의류地衣類, lichen가 있다.

지의류에서는 조류가 광합성을 하여 균류에 탄수화물을 공급하고, 균류는 영양염류를 공급하는 상리공생의 관계이다.

■ 벌레잡이식물

• 식충식물(食蟲植物), insectivorous plant, ショクチョウショクブツ

벌레잡이식물은 일반식물과 마찬가지로 토양이나 물속에서 영양분을 섭취하고 광합성 작용을 하지만, 잎이 변형하여 발달한 벌레잡이기관을 가지고 있다.

이 기관에 의해 곤충과 같은 작은 동물을 포획하고, 스스로 분비하는 소화효소나 공생하는 미생물 등의 도움을 받아 소화·흡수함으로써 양분을 섭취하는 속씨식물의 특수한 부류 중 하나이다.

세계적으로 10과, 18속, 약 500종이 알려져 있으며, 한국에 자생하는 벌레잡이식물은 10여 종이 채 안 된다. 또, 곤충 외에도 개구리 등의 양서류, 거미, 새, 작은 포유동물쥐 등을 잡는 경우가 있으므로, 최근에는 육식식물肉食植物, carnivorous plant이라 부르기도 한다. 벌레잡이식물은 공통적으로 일조조건이 좋고 습기가 많은 초원이나 황무지 등 강산성이고 양분이 아주 적은 장소에 자생한다. 경쟁상대가 적은 이런 장소를 생활의 장으로 선택하여 부족한 양분을 보충하는 것으로 추측된다.

벌레를 잡는 방법에 따라 다음과 같은 5가지 유형으로 분류된다.

❶ 끈끈이형

• 점착형(粘着形), flypaper trap, ネンチャクシキ

샘털腺毛이 잘 발달되어 이를 이용하여 작은 벌레를 점착·포충한다. 끈끈이주걱, 벌레잡이제비꽃 등이 이에 속한다.

◀ 끈끈이주걱
Drosera rotundifolia

| 끈끈이형

❷ 포획형

• 포획형(包獲形), snap trap, バネシキ

조개껍데기 모양의 잎조각을 빠르게 열고 닫아서 벌레를 잡는다. 파리지옥, 벌레먹이말 등이 이에 속한다.

◀ 파리지옥
Dionaea muscipula

| 포획형

❸ 포충낭형

• 포충낭형(包蟲囊形), pitfall trap, オトシアナシキ

잎이 항아리 또는 통 모양의 함정이어서 그 속에 작은 곤충을 빠트려서 잡는다. 벌레잡이풀과 벌레잡이풀속*Nepenthes*, 사라세니아과 사라세니아속*Sarracenia* 등이 이에 속한다.

◀ 네펜데스 알라타
Nepenthes alata

| 포충낭형

❹ 함정문형

• 함정문형(陷穽門形), suction trap, スイコミシキ

물속에 뚜껑 달린 작은 통발 모양의 벌레잡이 주머니를 가지고 있어서, 수압의 차이로 작은 동물을 흡입하여 벌레를 잡는다. 통발과 통발속*Utricularia*은 전 세계에 215종이 분포하는데, 모두 이 방식의 식충식물이다.

◀ 통발
Utricularia vulgaris var. *japonica*

| 함정문형

❺ 유도형

• 유도형(誘導形), lobster-pot trap, サソイコミシキ

미로에 의해 작은 동물을 벌레잡이 기관까지 유도하여 잡는다. 통발과 겐리세아속 *Genlisea* 등이 이에 속한다.

◀ 겐리세아 비올라케아
Genlisea violacea

| 유도형

■ 개미식물

• 개미식물(–植物), myrmecophyte,
アリショクブツ

식물체의 일부에 개미집을 만들어, 개미와
공생하는 식물을 개미식물이라 한다.
개미는 곤충이나 포유류 등 식물을 먹는 동
물로부터 식물을 지켜주며, 식물은 개미에
게 살집을 주고 개미가 집에 남긴 배설물이
나 남은 음식에 포함된 영양분을 흡수한다.

이러한 개미식물은 열대원산의 식물에서만
볼 수 있다.

◀ 아카시아
스페로케팔라
Acacia
sphaerocephala

| 개미식물

---

04 습성에 의한 분류

■ 초본식물

• 초본식물(草本植物), herb, ソウホンショクブツ

물관부가 별로 발달하지 않고, 부드러운 초
질의 줄기를 가지며, 지상부의 생존기간이
짧은 식물을 초본식물이라 한다. 생육기간
에 따라 다음과 같이 분류한다.

❶ 한해살이풀

• 일년초(一年草), annual herb, イチネンソウ

종자가 발아해서 그 해에 개화·결실하여
종자를 남기고, 겨울에 포기 전체가 고사하
는 초본식물을 말한다. 일년생식물, 일년생
초본이라고도 한다.
나팔꽃, 벼, 호박 등이 여기에 속한다.

❷ 두해살이풀

• 이년초(二年草), biennial herb, ニネンソウ

종자가 발아해서 그 해에는 개화하지 못하
고, 이듬해 봄에서 가을 사이에 개화·결실
하며, 풀의 형태로 겨울을 지낸다는 점에서
한해살이풀과 구분된다. 보통 가을에 발아
하여 겨울을 넘기고 봄에 개화·결실하기
때문에 실제로는 1년이 걸리지 않는다.
월년초越年草라고도 하며 보리, 무, 완두 등
이 있다.

❸ 여러해살이풀

• 다년초(多年草), perennial herb, タネンソウ

초본식물 가운데 2년 이상, 다년간에 걸쳐
생육하는 식물을 말한다. 겨울에 지상부가

고사하는 것과 상록인 것이 있는데, 후자와 같은 형태는 대부분 연중생육이 가능한 열대지방이 원산지이다. 겨울에 뿌리가 잔다고 하여 숙근초宿根草라 부르기도 한다.

국화, 베고니아, 꽃창포 등이 있다.

■ 목본식물

• 목본식물(木本植物), woody plant, モクホンショクブツ

관다발의 목부가 잘 발달하여 딱딱하고 튼튼한 줄기를 가진 식물을 목본식물이라고 한다. 다년생의 지상줄기를 가지며 줄기의 높이에 따라 교목과 관목으로 분류한다.

❶ 교목

• 교목(喬木), arbor, キョウボク

성장하면 높이 8m 이상이 되고, 주간土幹과 가지의 구별이 비교적 뚜렷한 단간성單幹性의 목본식물을 교목이라 한다. 또 매실나무와 같이 높이가 대략 3~8m 정도의 비교적 소형의 것을 소교목小喬木, subarbor이라 한다. 일반적으로 소교목은 교목보다 수명이 짧으며, 100년 미만인 것이 보통이다.

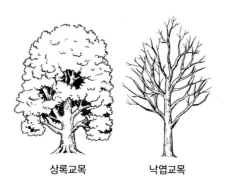

상록교목　　　　　낙엽교목

◀ 양버즘나무
Platanus occidentalis

| 교목

❷ 관목

• 관목(灌木), shrub, カンボク

교목에 대해, 높이 0.3~3m 정도의 목본식물을 관목이라고 한다.

보통 주간과 가지의 구별이 확실하지 않고 지면에서부터 많은 가지가 나온다. 또 관목 중에서 키가 작고, 줄기와 가지는 목질이며, 가지의 끝부분이 초질인 것을 편의상 소관목小灌木, undershrub이라고 한다.

상록교목　　　　　낙엽교목

◀ 박태기나무
Cercis chinensis

| 관목

■ 덩굴식물

• 만경식물(蔓莖植物), climbing plant,
ツルショクブツ

줄기가 곧게 서지 못하고 다른 식물이나 물체를 휘감고 생장하는 식물을 덩굴식물, 이런 줄기를 덩굴이라 한다. 다른 식물이나 물체를 휘감는 방법에 따라 2가지 형태로 분류된다. 즉, 칡이나 등과 같이 줄기 자체가 다른 물체를 휘감고 자라는 것과 줄기가 아닌 덩굴에 생긴 어떤 기관^{덩굴손,} _{가시, 흡착뿌리}이 다른 물체를 붙잡고 올라가는 것이다.

포도덩굴, 청미래덩굴, 양담쟁이 등은 덩굴손에 의존하며, 담쟁이덩굴이나 바닐라덩굴 등은 부정근으로 형성되는 흡착뿌리로 기어오르고, 환삼덩굴이나 부겐빌레아 등은 가시를 이용한다.

◀ 송악
Hedera rhombea

◀ 나팔꽃
Pharbitis nil

| 덩굴식물

■ 낙엽수, 상록수

❶ 낙엽수

• 낙엽수(落葉樹), deciduous tree,
ラクヨウジュ

상록수에 대비되는 말로, 잎의 수명이 1년이 채 안되어 낙엽이 지는 계절이 있는 수목을 말한다. 대부분 쌍떡잎식물이지만 겉씨식물인 은행나무, 잎갈나무, 일본잎갈나무 등도 낙엽수에 속한다.

❷ 상록수

• 상록수(常綠樹), evergreen tree,
ジョウリョクジュ

가을에도 잎이 떨어지지 않고 사시사철 푸른 잎을 가지고 있는 수목을 말한다. 잎의 수명은 수종에 따라 다르지만 보통 1~5년 정도이다. 잎의 모양에 따라 상록침엽수와 상록활엽수로 분류된다.

◀ 왕벚나무
Prunus yedoensis

| 낙엽수

◀ 후피향나무
Ternstroemia gymnanthera

| 상록수

■ 활엽수, 침엽수

❶ 활엽수

• 활엽수(闊葉樹), broad-leaved tree,
  コウヨウジュ

잎몸이 넓고 편평한 잎을 활엽이라고 하며,
이러한 활엽을 가진 목본식물을 활엽수라고
부른다. 보통은 속씨식물 중 쌍떡잎식물이
이에 해당한다.

연중 잎이 붙어있는 상록활엽수와 해마다
낙엽이 지는 낙엽활엽수로 구분된다.

❷ 침엽수

• 침엽수(針葉樹), conifer, シンヨウジュ

잎이 소나무 등과 같이 바늘 모양인 것을 침
엽이라고 하고, 이러한 침엽을 가진 목본식
물을 침엽수라고 부른다.

이들 중에 특히 왜성矮性인 침엽수를 원예적
으로 드워프 코니퍼Dwarf conifers라 하며, 관
상적으로 이용가치가 높은 것이 많다.

◀ 계수나무
Cercidiphyllum japonicum

| 활엽수

◀ 곰솔
Pinus thunbergii

| 침엽수

■ 일임식물, 다임식물

• 일임식물(一稔植物), monocarp,
  イチネンショクブツ
• 다임식물(多稔植物), polycarpic,
  タネンショクブツ

일반적으로 다년생식물은 어느 정도의 크기
에 도달하면 매년 개화·결실을 반복하는

식물 이야기   **세계에서 가장 큰 나무**

ⓒ Famartin

레드우드
Sequoia sempervirens

세계에서 가장 큰 나무는 미국 캘리포니아주 레드우드 국립공원의 아메리
카삼나무로 높이가 115.5m이고, 줄기의 둘레가 30.79m, 나이는 600살 이
상이라고 한다. 그리스 신화에 나오는 신의 이름을 따서 히페리온
(Hyperion)이라는 이름이 붙어있으며, '제너럴셔먼 나무(General
Sherman Tree)'라는 별명도 가지고 있다. 이 나무는 지금도 계속 자라고
있다고 한다.

데, 이런 식물을 다임식물이라 한다. 이에 대해 평생동안 한 번만 개화·결실하고 그 후에는 고사하는 식물을 일임식물이라 한다. 일년생식물과 이년생식물 외에 다년생 식물인 용설란이나 왕대 등의 대나무류가 이에 속한다.

다년생식물의 경우에는 특히 다년생일임식물이라고 한다.

◀ 용설란
Agave americana

| 일임식물

◀ 왕대
Phyllostachys bambusoides

| 일임식물
대나무는 꽃이 핀 다음에 열매가 열리고 다음해 죽는다.

05 원예학적 분류

■ 한해살이풀, 두해살이풀

- 일년초(一年草), annual herb, イチネンソウ
- 이년초(二年草), biennial herb, ニネンソウ

한해살이풀은 발아하여 1년 이내에 개화·결실하고 포기 전체가 고사하여 종자만 남기는 초본식물을 말한다. 종자를 뿌리는 시기에 따라 춘파春播와 추파秋播가 있다.

❶ 춘파한해살이풀

대부분 열대지방이 원산지이며, 추위에 약하고 고온에서 잘 자란다.

꽃눈은 단일상태短日狀態에서 분화하고 발육하여 개화하게 된다. 채송화, 해바라기, 백일홍, 맨드라미, 코스모스, 나팔꽃, 메리골드 등이 있다.

◀ 채송화
Portulaca grandiflora

| 한해살이풀-춘파

❷ 추파한해살이풀

대부분 온대지방이 원산지이며, 가을의 신선한 기온에서 잘 발아하여 자라며, 추위에 강하다. 또 가볍게 서리를 방지해주면 월동하고, 봄의 장일온난長日溫暖한 상태에서 잘 개화한다.

수레국화, 데이지, 금잔화, 금어초, 캘리포니아포피 등이 있다.

◀ 금잔화
Calendula arvensis

| 한해살이풀-추파

❸ 두해살이풀

두해살이풀은 가을에 발아하여 이듬해 봄에 개화 · 결실하는 것으로서, 그 생활기간은 실제 1년에도 미치지 못한다. 화초류 중에서 두해살이풀은 아주 소수이며 루나리아, 달맞이꽃, 접시꽃 등이 있다.

◀ 루나리아 아누아
Lunaria annua

◀ 달맞이꽃
Oenothera biennis

| 두해살이풀

■ 숙근초

• 숙근초(宿根草), rhizocarp, シュッコンソウ

여러해살이식물 중에서 난초류, 선인장류, 알뿌리식물, 다육식물 등 특수한 그룹을 제외한 것을 원예적으로 숙근초라고 부른다.

원래는 겨울이 되면 지상부가 고사하고, 지하에 있는 눈과 뿌리로 겨울을 나며, 다음해 봄에 그것을 바탕으로 성장하는 초본식물을 가리킨다. 그러나 근래에는 겨울에도 지상부가 말라 죽지 않는 여러해살이식물도 포함하는 수가 많다.

◀ 서양민들레
Taraxacum officinale

◀ 옥잠화
Hosta plantaginea

| 숙근초

■ 알뿌리식물

• 구근식물(球根植物), bulbous plant, キュウコンショクブツ

여러해살이식물 중에서 지하 또는 밑둥부가 비대해져 양분을 비축하는 저장 · 번식기관을 알뿌리라 통칭하며, 이러한 알뿌리를 가진 식물을 알뿌리식물이라 부른다.

단, 해오라비난초처럼 명백하게 알뿌리를 가진 것도 관습상 알뿌리식물로서 취급하지 않는 것도 있다.

알뿌리를 심는 계절에 따라 추식秋植알뿌리와 춘식春植알뿌리로 구분한다.

① 추식알뿌리

가을에 알뿌리를 심으면, 그 해 가을 또는 다음해 봄에 지상에 싹이 나와서 저온다습기에 생장한다. 대부분 이듬해 초봄에서 여름에 걸쳐 개화하고 알뿌리가 비대해져서, 여름의 고온건조기에 휴면에 들어가는 유형이다. 백합, 튤립, 무스카리, 수선화, 상사화 등이 이에 속한다.

◀ 무스카리
Muscari armeniacum

| 추식알뿌리

② 춘식알뿌리

추위에 약한 아열대나 열대가 원산인 알뿌리식물로, 봄에 알뿌리를 심어 고온기에 생장하고, 여름부터 가을에 걸쳐 개화하는 것을 말한다. 다알리아, 글라디올러스, 아마릴리스, 칼라디움 등이 이에 속한다.

◀ 다알리아
Dahlia pinnata

| 춘식알뿌리

■ 다육식물

• 다육식물(多肉植物), succulent plant, タニクショクブツ

사막과 같은 건조지, 한냉지, 고산지대, 염분이 많은 환경 등에서 생육하는 식물은 이러한 환경에 적응하며 살아간다. 그 결과, 식물체의 일부잎, 줄기, 뿌리가 두꺼워지거나 굵어져서 다육질의 저수조직을 만들어 거기에 다량의 수분을 저장한다. 이처럼 다육화한 식물을 총칭하여 다육식물이라고 한다.

50여과 약 1만종 이상의 식물이 다육식물로 분류되어 있다. 선인장과, 돌나물과, 대극과, 박주가리과, 석류풀과, 용설란과, 백합과 등이 다육식물로 널리 알려져 있다.

다육식물 중에서도 선인장과는 매우 규모가 큰 식물군으로 그 안에 수천 종이 있기 때문에 원예계에서는 선인장과 식물과 다른 다육식물을 구별하여 취급하고 있다. 선인장과의 식물은 일부 예외를 제외하면 거의 남북아메리카대륙과 그 주변의 섬에 분포되어 있다.

그 외의 다육식물은 여러 과에 걸쳐 있으며, 그 분포지역도 광범위하지만 아프리카와 멕시코에서 가장 많이 볼 수 있다.

◀ 십이지권
Haworthia fasciata

| 다육식물

◀ 유포르비아 오베사
Euphorbia obesa

| 다육식물

◀ 보춘화
Cymbidium goeringii

| 동양란

◀ 카틀레야
Cattleya

| 서양란

■ 동양란, 서양란

- 동양란(東洋蘭), oriental orchids, トウヨウラン
- 서양란(西洋蘭), tropical orchid, ヨウラン

난초과 식물은 원예적으로 동양란과 서양란으로 분류된다.

동양란은 한국, 중국, 일본 등 온대원산의 난초과 식물 중에서 특히 심비디움속의 보춘화, 한란, 보세란, 일경구화 등과 석곡, 풍란 및 그 원예품종의 총칭이다. 대부분 서양란에 비해 화려함은 없지만, 그 자태나 꽃의 형태가 품위가 있으며, 방향을 가진 것도 적지 않아서 오래 전부터 애호가가 많다.

한편, 열대·아열대 원산의 난초과의 야생종 및 그 교잡종을 서양란 또는 양란이라고 부른다. 서양란은 교잡에 의해 교잡종이 많이 만들어지고, 다른 속 간의 교잡도 드물지 않다. 일반적으로 서양란은 동양란에 비해 종류가 많고 꽃은 화려하지만, 동양란처럼 난 전체부터 화분에 이르기까지 감상하는 것이 아니라, 꽃만이 관상의 대상이다.

■ 반입식물

- 반입식물(斑入植物), variegated plant, フイリショクブツ

균일한 한 가지 색에 대해, 두 가지 이상의 다른 색을 가진 부분이 존재하여 무늬를 만드는 현상을 반입이라 하며, 이 현상이 나타나는 식물을 반입식물이라고 한다.

무늬는 잎 외에 꽃잎, 줄기, 씨껍질 등 여러 부분에 나타나지만 일반적으로는 잎에 많이 나타난다. 자연 속에 발견되거나 재배 중에 발견되며, 관상가치가 높고 희귀하기 때문에 원예식물로서 많이 재배된다. 반점의 상태에 따라 원예적으로 여러 종류로 구분한다.

- **복륜(覆輪) :** 가장자리만 다른 색으로 된 것(금사철나무, 은사철나무 등).

- **절반(切斑) :** 중앙의 잎맥에 의해 2가지 색으로 나뉘는 것(협죽도, 탱자나무 등).

- **소입반(掃入斑)** : 주맥 바깥쪽을 향하여 솔로 쓰다듬은 것처럼 다른 색 부분이 들어가는 것(동백나무, 남천 등).

- **성반(星斑)** : 별과 같이 크기가 고른 무늬가 들어간 것(식나무, 말곰취 등).

- **호반(虎斑)** : 중앙의 잎맥에 대해 직각으로 줄이 들어가는 것(오엽송, 큰고랭이 등).

- **호반(縞斑)** : 평행맥의 잎에 세로 줄무늬가 있는 것(은행나무, 담죽 등).

- **중반(中斑)** : 복륜과는 반대로 잎의 가운데가 다른 색인 것(구실잣밤나무, 왕볼레나무 등).

◀ 금식나무
Aucuba japonica
for. *variegata*

| 반입식물
반점이 있는 식나무

◀ 동백나무
Camellia japonica

| 반입식물
꽃잎에 반점이 있다.

■ 허브, 스파이스

- herb, ハーブ
- spice, スパイス

음식물에 방향이나 고유의 맛을 더하기 위해 사용하는 식물 또는 식물의 일부분을 향신료라 한다. 이들 향신료 가운데 일반적으로 온대원산이며, 잎을 이용하는 것을 허브라고 부른다. 이와 비슷한 것으로, 열대·아열대 원산의 식물의 일부 종자, 열매, 꽃, 잎, 줄기, 수피, 뿌리 등를 건조시킨 것을 스파이스라고 부른다. 스파이스에는 허브와 중복된 식물도 많은데, 고수 *Coriandrum sativum*의 생 또는 건조시킨 잎은 코엔트로 coentro라 부르고 허브로 취급하지만, 열매는 고수라는 이름의 스파이스로 취급한다.

일반적으로 허브가 스파이스에 비해 고유의 맛과 향이 순하다. 허브와 스파이스는 유럽에서 현저하게 발달한 것으로, 특히 스파이스에 대한 끝없는 욕구가 대항해시대의 막을 연 것으로 알려져 있다.

◀ 골파
Allium schoenoprasum

◀ 로즈마리
Rosmarinus officinalis

| 허브

■ 지피식물

- 지피식물(地被植物), ground cover plant, チヒショクブツ

지피식물은 평지나 경사면 등의 지표면과 건축물의 벽면 등의 수직면을 덮으면서 생육하는 식물로 미관유지, 지표면 보호, 토양의 건조방지 등의 역할을 한다. 그라운드 커버ground cover, 커버 프랜츠cover plants라고도 불리며, 여러해살이풀이나 관목이 많이 이용된다.

또 형태적으로 밀하게 자라서 지표면을 뒤덮는 식물, 기는줄기匍匐莖를 가진 식물, 덩굴식물도 많이 활용된다. 잔디도 지피식물에 포함되지만, 일반적으로 넓은 면적에 심기 때문에 지피식물과는 독립적으로 취급하는 경우가 많다.

◀ 맥문동
Liriope
platyphylla

| 지피식물

■ 산야초

• 산야초(山野草), native grass, サンヤソウ

산야에 자생하는 여러해살이 초본을 산야초 또는 산초라고 부른다. 그러나 그 범위가 넓고 정의도 확실하지 않으며, 목본식물의 대부분도 산야초로 취급하고 있다.

◀ 삼지구엽초
Epimedium
koreanum

| 산야초

◀ 곰취
Cineraria fischeri

| 산야초

■ 꽃나무

• 화목(花木), flowering trees and shrubs, カボク

본래는 꽃을 관상하는 목본식물을 꽃나무라고 부르지만, 넓은 의미로는 잎이나 열매 등을 관상하는 목본식물을 포함하기도 한다.

광의의 의미로 관상수와 거의 같은 뜻으로 사용된다. 용도에 따라 절화해서 꽃꽂이 등에 이용하는 것을 절화목切花木, 정원에 심는 것을 정원수庭園樹라 하며, 비교적 크게 자라지 않는 관목류가 선호된다.

또 열대·아열대 원산의 목본식물을 이용하여 육성된 꽃나무를 열대꽃나무라 한다.

◀ 수국
Hydrangea
macrophylla

| 꽃나무

◀ 히비스쿠스
코키네우스
Hibiscus
coccineus

| 열대꽃나무

■ 드워프 코니퍼

• dwarf conifers, ドワーフ・コニファー

겉씨식물 중에서 잎이 바늘모양이고 잎맥이 하나로 된 것을 침엽수針葉樹, 영어로는 코니퍼cornifer라고 한다.

이들 중에서 특히 왜성矮性인 것을 드워프 코니퍼라 부르며, 원예적으로 이용가치가 높다. 서양에서는 정원의 가장자리나 화분 등에 많이 심으며, 최근 우리나라에서도 주목을 받고 있다.

또 줄기가 포복하는 드워프 코니퍼는 지피식물로도 많이 이용되고 있다.

◀ 왜성전나무

| 드워프 코니퍼

| 왜성침엽수원

■ 분재

• 분재(盆栽), pot-planting, ボンサイ

식물을 작은 화분에 심어 인위적으로 나무모양을 다듬어 자연에 있는 모양과 비슷한 형태로 기른 것을 분재라고 한다.

분재를 감상할 때는 수형미, 고색, 풍격 등에 주안점을 두어, 전체의 아름다움을 보는 것이 중요하다. 분재는 일본에서 창시된 예술이지만, 근년에는 전세계에서 애호가가 증가하고 있다. 소재에는 주로 목본이 이용되지만, 국화 등의 초본이 사용되기도 한다. 소나무과 또는 측백나무과 등의 상록침엽수를 이용한 송백분재松栢盆栽와 낙엽활엽수를 이용한 잡목분재雜木盆栽로 대별된다.

◀ 곰솔
Pinus thunbergii

| 송백분재

◀ 모과나무
Chaenomeles sinensis

| 잡목분재

■ 자생식물, 외래식물

- 자생식물(自生植物), native plant, ジセイショクブツ
- 외래식물(外來植物), exotic plant, ガイライショクブツ

그 지역에서 원래 자생하는 야생식물을 자생식물 또는 재래식물이라고 한다. 이에 대해, 외국에서 도래한 식물을 외래식물이라하며, 재배식물과 귀화식물이 포함된다.

◀ 가시박
Sicyos angulatus
| 외래식물

■ 야생식물, 재배식물

- 야생식물(野生植物), wild plant, ヤセイショクブツ
- 재배식물(栽培植物), cultivated plant, サイバイショクブツ

그 지역에서 자연상태로 자라는 식물을 야생식물이라 하며, 외래식물이 야생화한 귀화식물도 포함된다. 귀화식물을 포함하지 않는 경우는 자생식물이라 하며, 재래식물在來植物과 같은 의미로 사용된다. 재배식물은 야생식물과 비교되는 용어로 곡물이나 야채, 약용식물藥用植物, medicinal plant, 관상

용 원예식물園藝植物, garden plant 등 사람이 보호·관리하며 인간생활에 유용한 식물을 말한다.

◀ 더덕
Codonopsis lanceolata
| 약용식물

◀ 후크시아 '벨보이'
Fuchsia 'Bell Boy'
| 재배식물

■ 귀화식물

- 귀화식물(歸化植物), naturalized plant, キカショクブツ

외래식물 가운데 야생화한 식물을 귀화식물이라 한다. 현재 우리나라에는 약 300종의 귀화식물이 알려져 있다. 생활력이나 분포력, 번식력이 강하고 잡초와 같은 성질을 갖고 있는 것이 많다. 재배식물이 야외로 일탈하여 야생화한 것을 인위적귀화식물人爲的歸化植物이라고 한다.

또, 유사 이전에 외국에서 들어와 귀화하여, 문헌상의 기록이 없는 귀화식물을 사전귀화

식물史前歸化植物이라고 한다. 일반적으로 단순히 귀화식물이라고 하면 사전귀화식물은 포함되지 않는다.

◀ 미국자리공
Phytolacca americana

◀ 토끼풀
Trifolium repens

| 귀화식물

■ 원종

• 원종(原種), original species, ゲンシュ

재배식물을 만들어 내는 기초가 되는 야생식물을 원종이라고 한다. 야생식물과 동의어처럼 사용되기도 하지만, 완전히 같은 용어는 아니다.

◀ 스트렙토카르푸스 렉시
Streptocarpus rexii

◀ 후크시아 코키네아
Fuchsia coccinea

| 원종

07 멸종위기 식물

■ 멸종위기 야생식물

지구상에는 약 30만종의 관다발식물이 있다고 한다. 그러나 인간이 아직 발견하지 못한 것 등을 포함하면 실제로는 약 50만종이 된다고 한다. 이처럼 다양한 식물 중에도 멸종위기에 처한 야생식물이 적지 않다.

많은 야생식물이 멸종위기에 있는 원인으로는 가장 큰 이유가 개발행위에 의한 자생지 파괴이고, 다음이 원예목적의 무분별한 대량채집을 들고 있다. 특히 우리나라에서는, 원예상 인기 있는 난초과 식물은 멸종위기에 처한 종이 많다고 한다. 세계자연보전연맹IUCN에서 이들 멸종우려가 있는 식물의 현황을 정리한 보고서가 있는데, 붉은 표지의 책으로 펴냈기 때문에 적색목록Red List 으로 알려져 있다.

이 적색목록을 바탕으로 종마다 상세한 정보를 기록한 것을 적색 자료집Red Data Book 이라 한다. 현재 한국에서 멸종위기I급 육상식물로 지정된 것은 광릉요강꽃을 비롯하여 9건이 있고, 멸종위기Ⅱ급 육상식물로 지정된 것은 가시연꽃을 비롯하여 68건이 있다.

■ 적색목록 등급

등 급	설 명
절멸 Extinct ; EX	마지막 개체가 죽었다는 점에 대해 합리적으로 의심할 여지가 없는 상태를 의미한다.
야생절멸 Extinct in the Wild ; EW	분류군이 자연 서식지에서는 절멸한 상태이나 동물원이나 식물원 등지에서 사육 또는 재배하는 개체만 있는 상태를 의미한다.
위급 Critically Endangered ; CR	가장 유효한 증거가 위급에 해당하는 기준 A부터 E까지의(평가방법 항 참조) 그 어떤 하나와 일치한 상태로 위급으로 평가된 분류군은 야생에서 극단적으로 높은 절멸 위기에 직면한 것으로 간주한다.
위기 Endangered ; EN	가장 유효한 증거가 위기에 해당하는 기준 A부터 E까지의 그 어떤 하나와 일치한 상태로 야생에서 매우 높은 절멸 위기에 직면한 것으로 간주한다.
취약 Vulnerable ; VU	가장 유효한 증거가 취약에 해당하는 기준 A부터 E까지의 그 어떤 하나와 일치한 상태로 야생에서 높은 절멸 위기에 직면한 것으로 간주한다.
준위협 Near Threatened ; NT	기준에 따라 평가했으나 현재에는 위급, 위기, 취약에 해당하지 않는 것으로 가까운 장래에 멸종우려 범주 중 하나에 근접하거나 멸종우려 범주 중 하나로 평가될 수 있는 상태를 의미한다.
관심대상 Least Concern ; LC	기준에 따라 평가했으나 위급, 위기, 취약, 준위협에 해당하지 않은 상태로 널리 퍼져 있고 개체수도 많은 분류군이 이 범주에 해당한다.
정보부족 Data Deficient ; DD	확실한 상태 평가를 하기에는 정보가 부족한 분류군을 강조하기 위한 범주이다.
미평가 Not Evaluated ; NE	적색목록 기준에 따라 아직 평가하지 않은 분류군에 적용하는 범주이다. 정보부족과 미평가 범주는 분류군의 위협 정도를 반영하지 않는다.

■ 멸종위기I급

자연적 또는 인위적 위협요인으로 인하여 개체수가 크게 줄어들어 멸종위기에 처한 종을 말한다. 육상식물로는 현재 9종이 지정되어 있다.

멸종위기Ⅰ급 육상식물	
1. 광릉요강꽃	*Cypripedium japonicum*
2. 나도풍란	*Aerides japonicum*
3. 만년콩	*Euchresta japonica*
4. 섬개야광나무	*Cotoneaster wilsonii*
5. 암매	*Diapensia lapponica* var. *obovata*
6. 죽백란	*Cymbidium lancifolium*
7. 털복주머니란	*Cypripedium guttatum*
8. 풍란	*Neofinetia falcata*
9. 한란	*Cymbidium kanran*

◀ 광릉요강꽃
Cypripedium japonicum

◀ 한란
Cymbidium kanran

| 멸종위기Ⅰ급 육상식물

자연적 또는 인위적 위협요인으로 개체수가 크게 줄어들고 있어 현재의 위협요인이 제거되거나 완화되지 아니할 경우 가까운 장래에 멸종위기에 처할 우려가 있는 종을 말한다. 육상식물로는 현재 68종이 지정되어 있다.

멸종위기 Ⅱ급 육상식물	
1. 가시연꽃	Euryale ferox
2. 가시오갈피나무	Eleutherococcus senticosus
3. 각시수련	Nymphaea tetragona var. minima
4. 개가시나무	Quercus gilva
5. 개병풍	Astilboides tabularis
6. 갯봄맞이꽃	Glaux maritima var. obtusifolia
7. 구름병아리난초	Gymnadenia cucullata
8. 금자란	Gastrochilus fuscopunctatus
9. 기생꽃	Trientalis europaea ssp. arctica
10. 끈끈이귀개	Drosera peltata var. nipponica
11. 나도승마	Kirengeshoma koreana
12. 날개하늘나리	Lilium dauricum
13. 넓은잎제비꽃	Viola mirabilis
14. 노랑만병초	Rhododendron aureum
15. 노랑붓꽃	Iris koreana
16. 단양쑥부쟁이	Aster altaicus var. uchiyamae
17. 닻꽃	Halenia corniculata
18. 대성쓴풀	Anagallidium dichotomum
19. 대청부채	Iris dichotoma
20. 대흥란	Cymbidium macrorhizon
21. 독미나리	Cicuta virosa
22. 매화마름	Ranunculus trichophyllus var. kadzusensis
23. 무주나무	Lasianthus japonicus
24. 물고사리	Ceratopteris thalictroides
25. 미선나무	Abeliophyllum distichum
26. 백부자	Aconitum coreanum
27. 백양더부살이	Orobanche filicicola
28. 백운란	Vexillabium yakusimensis var. nakaianum
29. 복주머니란	Cypripedium macranthos
30. 분홍장구채	Silene capitata
31. 비자란	Thrixspermum japonicum
32. 산작약	Paeonia obovata
33. 삼백초	Saururus chinensis
34. 서울개발나물	Pterygopleurum neurophyllum
35. 석곡	Dendrobium moniliforme
36. 선제비꽃	Viola raddeana
37. 섬시호	Bupleurum latissimum
38. 섬현삼	Scrophularia takesimensis
39. 세뿔투구꽃	Aconitum austrokoreense
40. 솔붓꽃	Iris ruthenica var. nana
41. 솔잎란	Psilotum nudum
42. 순채	Brasenia schreberi
43. 애기송이풀	Pedicularis ishidoyana
44. 연잎꿩의다리	Thalictrum coreanum
45. 왕제비꽃	Viola websteri
46. 으름난초	Cyrtosia septentrionalis
47. 자주땅귀개	Utricularia yakusimensis
48. 전주물꼬리풀	Dysophylla yatabeana
49. 제비동자꽃	Lychnis wilfordii
50. 제비붓꽃	Iris laevigata
51. 제주고사리삼	Mankyua chejuense
52. 조름나물	Menyanthes trifoliata
53. 죽절초	Sarcandra glabra
54. 지네발란	Cleisostoma scolopendrifolium
55. 진노랑상사화	Lycoris chinensis var. sinuolata
56. 차걸이란	Oberonia japonica
57. 초령목	Michelia compressa
58. 층층둥굴레	Polygonatum stenophyllum
59. 칠보치마	Metanarthecium luteo-viride
60. 콩짜개란	Bulbophyllum drymoglossum
61. 큰바늘꽃	Epilobium hirsutum
62. 탐라란	Gastrochilus japonicus
63. 파초일엽	Asplenium antiquum
64. 한라솜다리	Leontopodium hallaisanense
65. 한라송이풀	Pedicularis hallaisanensis
66. 해오라비난초	Habenaria radiata
67. 홍월귤	Arctous alpinus var. japonicus
68. 황근	Hibiscus hamabo

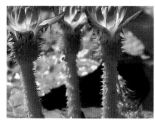
◀ 가시연꽃
Euryale ferox

◀ 독미나리
Cicuta virosa

| 멸종위기 II급 육상식물

■ 워싱턴조약

• 워싱턴조약(-條約), Washington Convention, ワシントンジョウヤク

멸종 우려가 있는 야생동식물을 보호하기 위해, 과도하게 국제거래에 이용되지 않도록 채택된 국제조약으로 정식 명칭은 '절명 가능성 야생동식물종의 국제거래에 관한 조약'이고 통칭 '워싱턴조약'이라고 부른다. 1973년 3월 81개국이 참가해서 미국의 워싱턴에서 채택되어 1975년 4월에 발효되었다. 영명은 'Convention on International Trade in Endangered Species of Wild Fauna and Flora'이며, 대문자를 따서 CITES 사이테스라고도 부른다. 한국은 1993년 7월에 가입하였다. 이 조약으로 인해 국제거래가 규제돼 있는 야생동식물은 해외로부터의 반입은 엄격히 규제되고 있다. 식물의 경우, 원예적으로 인기 있는 난초과 식물, 선인

장과 식물, 다육식물, 벌레잡이식물의 대부분이 국제거래에서 제한을 받고 있다.

■ 고유종

• 고유종(固有種), endemic species, コユウシュ

어느 특정 지역에만 분포하는 식물을 고유종이라고 한다. 이 종은 주로 지리적으로 격리된 섬지역이나 생물학적으로 고립된 곳에 많다. 마다가스카르, 하와이제도, 갈라파고스제도처럼 대륙에서 지리적으로 격리되어 있는 섬에서 많이 발견되며, 멸종위기종이 많이 산출되는 부류이기도 하다.

기상천외

ⓒHans Hillewaert

벨비치아
Welwitschia mirabilis

벨비치아는 벨비치아목 벨비치아과 벨비치아속의 1과 1속 1종의 진귀한 식물로 아프리카 남서부 사막에 자생한다. 1859년 아프리카의 앙골라에서 오스트리아의 의사이자 식물학자인 벨비치(Welwitsch)가 처음 발견하였다. 세계적으로 진귀한 식물로 보호받고 있으며, 채집이 금지되어 있다.

잎은 나란히맥을 갖는 벨트 모양으로 마주나며, 큰 것은 폭 90cm, 길이 3~3.5m에 달한다. 오래 된 잎은 찢어지고 비틀리기 때문에 기이한 느낌이 나며, 종소명 mirabilis는 '경탄할 만한', '놀라움을 금할 수 없는' 이라는 뜻이다. 그래서 기상천외(奇想天外)라고도 불린다.

세계에서 가장 나이가 많은 나무

브리슬콘소나무
Pinus longaeva

세계에서 가장 나이가 많은 나무는 미국 캘리포니아주 등에 사는 브리슬콘소나무(Pinus longaeva)이다. 대부분 수령이 3,500년 이상이며, 약 4,900년 된 것이 가장 오래된 나무라고 한다. 이 나무는 수림한계선의 매우 가혹한 환경조건 하에서도 생존할 수 있는 놀라운 능력을 가지고 있다. 영하로 떨어지는 기온과 끊임없이 부는 바람, 최소의 강우량 등 극심한 기상상태로 인해 매우 느리게 자란다.

현재 캘리포니아의 오래된 브리슬콘소나무 숲과 그레이트 베이슨(미국 서부 대분지) 국립공원 등과 같이 미국연방정부 소유의 여러 지역에서 보호 받고 있다.

PART 07

식물과 환경

■ 광합성

• 광합성(光合成), photosynthesis, コウゴウセイ

식물이 태양광에너지를 이용해 물과 이산화탄소로부터 당류 등의 유기물을 합성하는 과정을 광합성이라 한다. 이러한 과정은 잎의 세포 내에 있는 엽록체葉綠體, chloroplast라는 특별한 조직에서 이루어진다.

이산화탄소 + 물 + 광에너지 → 유기물 + 산소

엽록체는 태양의 광에너지를 흡수하는 녹색 색소인 엽록소葉綠素, chlorophyll를 포함하고 있다. 모든 식물이 광합성을 하는 것은 아니며 식물 중에서도 엽록체에 엽록소가 포함되어 있는 식물을 녹색식물이라 한다. 우리가 일반적으로 알고 있는 식물의 거의 대부분이 여기에 해당된다.

식물은 직접 태양광에너지를 이용할 수 있지만, 우리 인간을 포함한 동물은 직접 태양광에너지를 이용하지 못하기 때문에 식물을 먹거나 또는 식물을 먹는 초식동물을 섭취함으로써 에너지를 얻는다. 결국 간접적으로 태양광에너지를 이용하게 된다.

인간이 연료로 사용하는 석유, 석탄, 천연가스도 예전에는 동식물의 분해물이었으므로, 이 역시 비축된 태양에너지를 서서히 사용하고 있는 것이라 할 수 있다. 이처럼 지구상에 생존하는 생물에게 있어서, 식물의 태양광에너지에 의한 광합성의 산물을 이용하는 것은 불가결한 것이다. 만약 식물의 이런 능력이 없었다면 지구상의 생물은 번성할 수 없었을 것이다. 또 지구상에는 식물의 광합성에 의해 연간 약 3×10^{11}ton의 이산화탄소가 이용되어 유기물질이 만들어지며, 이때 이산화탄소와 같은 양의 산소가 발생하게 된다.

산소는 동식물의 호흡에 불가결한 것이므로, 식물의 광합성이 '생명의 근원'이라고 할 수 있다. 식물의 광합성은 여러 가지 환

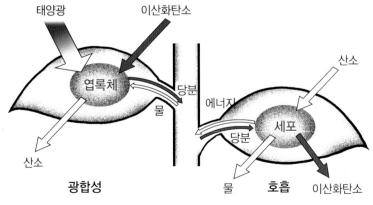

광합성과 호흡

경적인 요인, 특히 빛의 강도, 온도, 이산화탄소의 농도에 의해 좌우된다.

❶ 빛의 강도

어두운 곳에서 식물은 호흡만 하기 때문에 산소를 흡수하지만, 약한 빛을 조사하여 조금씩 빛의 강도를 증가시키면, 광합성에 의한 산소의 방출과 호흡에 의한 산소의 흡수가 같아져서, 외관상으로는 가스교환을 없어진 것처럼 보인다. 이때의 빛의 세기를 광보상점 光補償点, light compensation point이라고 한다. 여기서 빛의 강도를 더 높이면 광합성의 속도가 증가하며, 빛의 세기가 어느 점에 도달하면 광합성속도가 더 이상 증가하지 않는다.

이때의 빛의 강도를 광포화점 光飽和点, light saturation point이라 하며, 이 상태에서 최대 광합성속도에 이르렀다고 한다.

❷ 온도

온도가 상승함에 따라 광합성의 속도는 증가하며, 어떤 온도에 이르면 광합성의 속도가 최대를 유지한다. 여기에서 더 이상 온도가 상승하면 광합성 속도는 감소한다.

광합성의 속도가 최대로 유지되는 최적의 온도는 식물에 따라 다르지만, 일반적으로 열대원산의 식물과 C_4식물에서는 최적의 광합성온도가 30~35°C 정도이다. 또 온대원산의 식물과 C_3식물에서는 20~25°C 정도가 최적의 온도이다. 단, 광합성의 적온과 생장의 적온은 별개이다.

❸ 이산화탄소의 농도

이산화탄소의 농도도 광합성의 속도를 좌우한다. 이산화탄소의 농도가 상승하여 특정 농도에 도달하면, 광합성에 의한 산소의 방출과 호흡에 의한 산소의 흡수가 같아져서 외견상으로는 가스의 교환이 일어나지 않는 것처럼 보인다.

이때의 이산화탄소농도를 CO_2보상점 carbon dioxide compensation point이라고 한다. 다시 이산화탄소의 농도를 높이면 광합성속도도 높아지며, 이산화탄소농도가 어느 점에 도달하면 더 이상 광합성속도가 증가하지 않는다. 이때의 이산화탄소농도를 CO_2포화점 carbon dioxide saturation point이라고 하며, 식물의 종류에 따라 다르지만 일반적으로 1,000ppm 이상이다.

■ 양성식물, 음성식물

- 양성식물(陽性植物), sun plant, ヨウセイショクブツ
- 음성식물(陰性植物), shade plant, インセイショクブツ

강한 태양광을 좋아하는 식물을 양성식물이라는 하며, 반대로 약한 광선에서도 생육이 양호한 식물을 음성식물이라 한다. 양성식물은 음성식물에 비해 광보상점과 광포화점이 높고, 최대 광합성속도도 빠르다.

관엽식물 觀葉植物, foliage plant 중에서도 초본은 대부분이 열대의 수풀 속에서 생육하는 음성식물이므로 실내와 같이, 약한 광에서도 재배가 가능하다. 반대로 너무 강한 빛은 광합성속도의 증대로 이어지지 않으며, 오히려 엽소葉燒 등의 원인이 되기도 한다.

◀ 금잔화
Calendula arvensis
| 양성식물

◀ 아프리카제비꽃
Saintpaulia ionantha
| 음성식물

■ C_3식물, C_4식물, CAM식물

- C_3식물(－植物), C_3 plant, シーサンショクブツ
- C_4식물(－植物), C_4 plant, シーヨンショクブツ
- CAM식물(－植物), CAM plant, カムショクブツ

광합성에 의해 이산화탄소가 식물에 이용되어 최초로 만들어진 화합물이 탄소가 3개인 식물을 C_3식물, 탄소가 4개인 식물을 C_4식물이라 한다. C_4식물은 일반적으로 광합성속도가 빠르고, 강한 빛이나 고온하에서 C_3식물보다 효율적으로 광합성을 할 수 있다. 대개의 조류藻類와 고등식물이 C_3식물에 속하며 사탕수수, 옥수수 등과 비름과, 국화과, 납가새과 등의 일부 식물이 C_4식물에 속한다. C_3식물이나 C_4식물은 모두 햇빛 중에서 기공을 열어 이산화탄소를 받아들인다.

그러나 사막 등의 건조한 땅에 자생하는 식물은 낮에 기공을 열면 격렬한 증산에 의한 수분손실이 일어나기 때문에 낮에는 기공을 닫아 수분을 유지하고, 야간에 기공을 열어 이산화탄소를 받아들인다. 이러한 광합성 형태를 가진 식물을 CAMCrassulacean Acid Metabolism식물이라 부르며 돌나물과, 선인장과, 파인애플과, 난초과 등에서 볼 수 있다.

◀ 밀
Triticum aestivum
| C_3식물

◀ 옥수수
Zea mays
| C_4식물

◀ 파인애플
Ananas comosus
| CAM식물

◀ 크라술라 오바타
Crassula ovata

| CAM식물

■ 광형태형성

- 광형태형성(光形態形成), photomorphoge
nesis, ヒカリケイタイケイセイ

광합성은 고에너지의 빛에 의해 이루어지
지만, 식물의 생장은 극히 적은 빛에너지에
의해 조절된다. 이 경우 강한 태양광 밝기
의 1만 분의 1이하의 에너지로도 충분하며,
보름달 밤의 밝기보다 다소 밝은 정도의 밝
기라면 가능하다. 이처럼 저에너지의 빛에
의해서 식물의 생장과 분화가 제어되는 현상
을 광형태형성이라 한다.

잘 알려진 광형태형성의 예로는 종자의 발
아를 들 수 있다. 대부분의 종자는 빛과 무
관하게 발아하지만, 빛에 의해 촉진되는 유
형과 억제되는 유형이 있다. 전자를 호광성
종자好光性種子, light germinating seed 또는 명발
아종자明發芽種子라고 하며 금어초, 글록시니
아, 디기탈리스, 페튜니아, 프리뮬라 등 작
은 종자가 많다.

이런 유형의 종자를 파종할 때는 용토를 두
껍게 덮지 않아야 하며, 복토를 하지 않는
것이 원칙이다. 이에 대해, 빛을 받으면 발

아가 억제되어 암흑조건에서 잘 발아하는
종자를 혐광성종자嫌光性種子, dark germinating
seed 또는 암발아종자暗發芽種子라고 한다.
금잔화, 맨드라미, 시클라멘, 네모필라, 수
레국화 등이 이에 속하며, 파종할 때는 복토
를 해서 어둡게 관리해야 한다.

◀ 금어초
Antirrhinum majus

◀ 디기탈리스
Digitalis purpurea

| 호광성종자

◀ 맨드라미
Celosia cristata

◀ 네모필라
Nemophila
insignis

| 혐광성종자

■ 광주성

• 광주성(光周性), photoperiodism, コウシュセイ

우리가 사는 지구는 낮과 밤이 24시간을 주기로 교체되고, 밤낮의 길이가 계절에 따라 변화한다. 생물이 계절을 알 수 있는 가장 신뢰할 수 있는 지표가 낮과 밤의 길이 변화이다. 기온도 계절의 변화를 알 수 있는 지표가 되기도 하지만, 평균기온에서 크게 빗나가는 경우도 종종 발생하기 때문에 별로 신뢰할 수 없다. 이처럼 하루 중 밤낮의 길이 변화를 읽어서 계절을 감지하고, 그에 대응해서 생물이 반응하는 성질을 광주성이라 한다.

동물의 광주성의 예로는 꾀꼬리 등이 있으며, 일정한 계절이 되면 지저귀기 시작하는 것으로 알려져 있다. 식물에서는 꽃눈의 형성에 관한 것이 널리 알려져 있으며, 화훼원예 분야에서는 이 광주성을 이용해 개화를 조절하는 경우가 흔하다.

하루 중 해가 비치는 시간을 일장日長이라고 하며, 식물의 종류에 따라 10Lux부터 100Lux 정도를 일장으로 감지한다. 또, 이러한 광주성은 꽃눈 형성에 관한 것이지 생장에 관한 것은 아니다. 식물은 꽃눈 형성과 하루 중 해가 비치는 시간과의 관계에 따라 다음의 3가지 유형으로 구분한다.

❶ 단일식물

• 단일식물(短日植物), short-day plant, タンジツショクブツ

하루의 일장이 특정한 시간보다 짧은 시간에 꽃눈을 형성하는 식물을 단일식물이라고 한다. 이것은 마치 하루 중 해가 비치는 시간의 길이가 중요한 것처럼 표현되지만, 실제로는 일정한 길이의 연속된 암흑의 시간暗期이 중요하다.

이러한 의미에서 보면, 단일식물은 장야식물長夜植物이라 부르는 편이 옳지만 관례적으로 단일식물이라 한다. 단일식물이 꽃눈을 형성하는데 필요한 일장의 한계를 한계일장限界日長, critical day length이라 하며, 식물마다 다르지만 대략 13~15시간인 것이 많다. 대표적인 것으로는 나팔꽃, 칼랑코에, 코스모스, 게발선인장, 포인세티아 등이 있다.

포인세티아의 관상부위는 꽃이 아니고 포苞인데 꽃눈이 형성되지 않으면, 포도 발달하지 않고, 착색도 되지 않기 때문에 아름다운 포를 감상하기 위해서는 일정한 길이의 연속된 암기를 만들어 주어야 한다. 따라서 단일조건이 되는 가을 이후에 야간조명이 비치는 실내에서 관리하면 포가 착색되지 않는다. 만약 크리스마스시기에 포가 착색되기를 원한다면, 9월 하순~10월 초순에 저녁 5시경부터 다음날 아침 8시경까지 빛을 차단할 수 있는 상자를 덮어서 암흑조건을 만들어 주는 등의 야간에 조명을 차단하는 처리가 필요하다. 이러한 처리를 단일처리短日處理, short-day treatment라고 한다.

◀ 칼랑코에
Kalanchoe blossfeldiana

| 단일식물

◀ 포인세티아
*Euphorbia
pulcherrima*

| 단일식물

❷ 장일식물

• 장일식물(長日植物), long-day plant,
  チョウジツショクブツ

단일식물과는 반대로 하루의 일장이 특정한
시간보다 길 때, 꽃눈을 형성하는 식물을 장
일식물이라 한다. 대표적인 것으로는 금어
초, 마티올라 잉카나, 금잔화, 리시안서스,
후크시아 등이 있다.

◀ 리시안서스
*Eustoma
grandiflorum*

◀ 마티올라 잉카나
Matthiola incana

| 장일식물

❸ 중성식물

• 중성식물(中性植物), neutral plant,
  チュウセイショクブツ

어느 정도 성장하면 일장에는 별로 관계없

이 꽃눈이 형성되는 식물을 중성식물이라고
한다. 대표적인 것으로는 시클라멘, 제라니
움, 아프리카제비꽃, 패랭이꽃, 장미, 팬지,
프리물라 오브코니카 등이 있다.

◀ 패랭이꽃
*Dianthus
chinensis*

◀ 제라늄
*Pelargonium
inquinans*

| 중성식물

■ 굴광성

• 굴광성(屈光性), phototropism, クッコウセイ

식물의 기관이 외부의 자극에 반응하여 자
극의 방향과 관계가 있는 방향으로 성장하
는 것을 굴성屈性이라 하며, 그 자극이 빛인
경우를 굴광성이라 한다.

한 방향에서만 빛이 비치는 곳에서 식물을
기르면, 식물의 지상부가 빛의 방향으로 굴
곡되는 것은 이미 잘 알려져 있다. 이처럼
자극의 방향을 향해 생장하는 것을 정正의
굴광성 또는 향일성向日性이라고 한다.

빛이 한 방향에서만 들어오는 창가에 화분
을 놓아두면, 식물의 지상부가 창쪽으로만
굽어서 관상하기 어렵다.

이런 때는 화분을 가끔 돌려주면 균형 있게 생육한다. 특히 덕구리란이나 포에닉스대추야자 등과 같이 줄기가 분지하지 않는 단간성 單幹性 식물은 줄기가 빛의 방향으로 돌아갔다고 해서 다시 돌릴 수 없으므로 이러한 관리가 더욱 필요하다.

◀ 무
Raphanus sativus

| 굴광성

02 온도와 식물

■ 최적온도, 최저온도, 최고온도

- 최적온도(最適溫度), optimum temperature, サイテキオンド
- 최저온도(最低溫度), lowest temperature, サイテイオンド
- 최고온도(最高溫度), highest temperature, サイコウオンド

식물이 체온을 일정한 온도로 유지하는 것은 그다지 쉬운 일은 아니다. 이 때문에 식물의 분포는 온도에 가장 크게 영향을 받는다. 지구상에서는 경도가 높아지거나 표고가 올라갈수록 기온이 낮아지는데, 표고가 160m 올라가면 평균기온은 약 1℃ 내려간다.

라운키에르Christen Raunkier의 생활형태에 따른 식물의 분류법에 의하면, 추운 지역으로 올라갈수록 휴면눈休眠芽의 위치가 지상에서부터 지표 또는 지중으로 내려가는 비율이 높아진다고 한다. 종자가 발아하여 꽃을 피우고 열매를 맺는 각 생육 단계에서의 가장 적합한 온도를 최적온도라고 한다. 또 종자가 발아하는데 가장 적합한 온도를 발아적온發芽適溫, 그 후의 생육단계휴면타파, 춘화 등은 제외에서 가장 적합한 온도를 일괄하여 생육적온生育適溫이라고 한다. 또 각각의 단계에서 생명활동을 유지할 수 있는 가장 낮은 온도를 최저온도, 가장 높은 온도를 최고온도라고 한다. 이들은 ○～○℃와 같이 일정한 온도 범위로 표기하는 것이 일반적이다.

식물을 재배할 때, 주위의 기온을 생육적온에 완전히 일치시킬 필요는 없지만, 대게 생육온도의 5℃ 전후의 범위에서 재배하면 생육발아나 휴면타파 등은 제외에 특히 문제가 없으며, 이것을 재배적온栽培適溫이라 부르기도 한다.

◀ 삼색제비꽃
Viola tricolor

| 적온
발아적온 : 18℃ 생육적온 : 10～15℃ 재배적온 : 5～20℃

◀ 일일초
Lochnera rosea

| 적온

발아적온 : 22℃ 생육적온 : 20~30℃ 재배적온 : 15~35℃

◀ 관음죽
Rhapis excelsa

| 최저온도 (0~5℃) 그룹

◀ 인도고무나무
Ficus elastica

| 최저온도 (5℃~10℃) 그룹

◀ 에피스치아
쿠프레아타
Episcia cupreata

| 최저온도 (10℃~15℃) 그룹

또 동해에 견딜 수 있는 성질을 내동성耐凍性이라고 하며, 내한성과 같은 의미로 사용되고 있다.

인위적으로 식물의 내한성을 강화시키는 것을 내성강화耐性强化, hardening 또는 경화硬化라고 한다. 내성강화는 생육기간 중에 최대한 햇빛을 많이 받게 하고 서서히 저온에 내놓아 단련시키거나, 용토를 건조하게 유지하는 등의 방법이 있다.

■ 온주성

• 온주성(溫周性), thermoperiodicity, オンシュセイ

기온은 항상 일정하지 않고, 지구의 자전과 공전에 따라 하루를 주기로 일변화하며, 1년을 주기로 연변화한다. 이러한 기온의 주기변화가 생육에 영향을 미치는 현상을 광주성光周性에 대해, 온주성이라 한다.

예를 들어, 많은 식물에서는 낮과 밤의 생육적온이 다르며, 보통은 낮온도를 밤온도보다 높은 주기로 관리하는 것이 생육이 좋다고 한다. 그러나 아프리카제비꽃과 같이 밤온도를 낮온도보다 높은 주기로 관리하는 예외도 있다.

■ 내한성, 내서성

• 내한성(耐寒性), cold resistance, タイカンセイ
• 내서성(耐暑性), heat resistance, タイショセイ

저온에서 견딜 수 있는 성질을 내한성, 고온에 견딜 수 있는 성질을 내서성이라고 한다.

■ 휴면타파

• 휴면타파(休眠打破), dormancy breaking,
キュウミンダハ

식물이 생육하는 과정에서 종자, 알뿌리 또는 겨울눈의 상태에 있을 때, 생육이 일시적으로 정지하는데, 이 상태를 휴면이라고 한다. 이것은 식물이 저온, 고온, 건조 등의 생육에 부적합한 환경을 견디기 위한 적응현상으로 보인다.

휴면에서 깨어나 발아능력을 가지고 생육을 개시하는 것을 휴면타파라고 한다. 대부분의 식물들은 특정한 온도를 일정기간 유지시키면 휴면을 타파한다. 이 특정한 온도란 저온인 것이 많지만, 프리지아나 튤립과 같이 고온인 것도 있다.

■ 춘화

- 춘화(春化), vernalization, シュンカ

휴면을 타파한 종자 또는 일정한 생육기간이 경과한 식물체를 연속적으로 특정한 저온에 두면 꽃눈이 형성되는데, 이러한 현상을 춘화라고 한다. 춘화에 유효한 온도는 식물에 따라 다르지만, 일반적으로 5~15℃ 정도이다. 또 발아 중인 종자가 저온을 받아 춘화하는 것을 종자춘화種子春化, 일정한 생육단계에 이른 식물체가 저온을 받아 춘화하는 것을 식물체춘화植物體春化라고 한다.

03 물과 식물

물은 식물에게 있어서 매우 중요한 요소이다. 초본식물은 보통 생중량의 80~90% 이상이 물이며, 목본식물도 50% 이상이 물로 구성되어 있다.

이처럼 식물에게 물은 단순한 환경요인뿐 아니라, 식물의 주요 구성요소이기도 하다. 식물세포를 팽창시키도록 작용하는 압력인 팽압膨壓을 유지하는데도 물이 필요하다. 식물에 포함된 물의 양이 일정량 이하로 감소하면, 팽압이 줄어들어 위조萎凋하기 시작하여 마침내 고사한다.

또 물은 식물세포의 역학적 강도나 식물체의 자세유지 및 생장에 필수적인 요소이며,

광합성을 비롯하여 식물체 내에서 일어나는 많은 중요한 반응의 필수 원료이다. 물은 여러 가지 용질에 대해 가장 좋은 용매로서 기체나 무기질, 각종 용질 등이 물에 녹아 식물세포로 들어가서 식물체 내를 이동한다.

또, 물은 비열比熱이 크기 때문에 온도를 변화시키기 위해서는 대량의 열의 출입이 필요하다. 이 때문에 물을 많이 함유한 식물세포는 열적으로 안정되어 물에 의해 온도가 유지된다고 할 수 있다. 또 물은 표면장력과 응집력이 크기 때문에 100m가 넘는 큰 교목에서도 꼭대기까지 물이 상승할 수 있다.

■ 흡수, 증산

- 흡수(吸水), absorption, キュウスイ
- 증산(蒸散), transpiration, ジョウサン

식물이 외계로부터 물을 받아들이는 것을 흡수라고 하며, 보통 뿌리의 뿌리털로부터 물을 흡수한다. 흡수된 물은 물관부의 물관 혹은 헛물관을 통해 상승하는데, 그 과정에서 식물체의 각부에 물이 공급된다. 이렇게 상승한 물은 최종적으로 잎의 기공에서 증발하여, 대기 중에 수증기로 방출된다.

이처럼 식물체 내의 물이 수증기 상태로 체외로 방출되는 것을 증산이라고 하며, 증산에 의해 식물체의 체온이 조절된다. 즉, 1g의 물이 증산되어 수증기로 변하면, 약 539cal의 열량을 빼앗기므로 잎의 온도가 그만큼 저하한다. 많은 식물들은 광합성작용을 하기 때문에 기공을 열어 이산화탄소를 식물체로 흡수하는 동시에 체내의 물을 증산에 의해 잃게 된다. 다만, 건조지에 자생하는 식물이나 착생식물에서 흔히 볼 수 있는 CAM식물에서는 비교적 기온이 낮은 야간에 기공을 연다. 증산량이 흡수량을 넘어서 식물체 내의 물의 양이 적어지면, 기공이 닫히면서 그 이상 물을 잃지 않도록 한다. 그러나 기공이 닫혀 버리면 이산화탄소를 받아들일 수 없기 때문에 광합성작용을 할 수 없게 되며, 이러한 상태가 이어지면 식물은 생장을 정지하게 된다.

실제로 하루 동안 식물체 내에 포함된 물의 1~10배의 물이 흡수되고, 그 대부분이 증산에 의해 체외로 방출되고 있다.

■ 토양수분

- 토양수분(土壤水分), soil moisture, ドジョウスイブン

토양 중에 포함된 물을 총칭하여 토양수분이라 한다. 토양수분에는 염류와 유기물 등 여러 가지 물질이 녹아 있는데, 이것을 토양용액 土壤溶液, soil solution이라 한다. 식물은 이 토양용액에서 물과 영양을 흡수한다.

■ 관수

- 관수(灌水), irrigation, カンスイ

강우에 의해 토양에 공급되는 물은 토양표면에서 증발에 의해 사라지기 때문에, 식물이 생장을 계속하기 위한 충분한 물을 인위적으로 공급해주는 것을 관수라고 한다.

충분한 관수는 물을 공급하는 것뿐만 아니라, 토양 속의 오래된 공기를 밀어냄으로써 뿌리가 호흡하는 데 필요한 새로운 산소를 공급해주기도 한다. 식물은 빛을 받으면 기공이 열려서 증산이 활발해지기 때문에 증산과 병행하여 물의 흡수도 활발해진다. 이 때문에 관수는 오전 일찍 하는 것이 효율적이다.

관수의 정도는 꽃눈의 형성이나 내한성, 줄기잎의 도장徒長 등과 관계가 있다. 개발선인장이나 덴드로비움 교잡종 같은 종류는 꽃눈이 형성되기 전에 관수를 줄여서 토양을 건조하게 관리하면, 꽃눈이 잘 형성되는 것으로 알려져 있다. 반대로 이 시기에 관수를 많이 하면 꽃눈 대신 잎눈이 생겨서 꽃이 피지 않는다. 또 저온기로 들어가는 가을부터 관수를 줄이면 내한성이 증가한다. 일반적으로 약한 광선 하에서 관수를 많이 하면 식물의 줄기잎이 허약해져서 가늘고 길게 자라는 경향이 있는데, 이를 도장徒長이라고 한다.

■ 내건성

- 내건성(耐乾性), drought resistance, タイカンセイ

식물이 건조함을 견디는 성질을 내건성 또는 내건조성이라 한다. 사막과 같은 건조한 땅에 자생하는 다육식물이나 착생식물 등의 건생식물乾生植物은 내건성이 강하도록 근계根系가 잘 발달되어 있거나, 건조 시에 잎을 말아서 증산량을 감소시킨다. 또 잎이 퇴화되어 없어지거나, 잎에 털이 있어서 안개로부터도 물을 얻기 쉽게 되어 있어서, 증산량보다 흡수량이 많게 하여 물이 부족한 환경에 적응하고 있다. 내건성이 강한 식물일지라도 생장기에는 충분한 관수가 필요하다.

◀ 유카
Yucca gloriosa

| 내건성
내건성이 강한 식물

◀ 프리물라
오브코니카
Primula obconica

| 내건성
내건성이 약한 식물

■ 내습성

- 내습성(耐濕性), moisture resistance, タイシツセイ

식물이 토양의 과습한 상태를 견딜 수 있는 성질을 내습성이라 한다.

연못, 강, 호수 등의 물속이나 물가에서 생육하는 수생식물은 일반적으로 내습성이 강한 것이 특징이다. 식물은 물을 충분히 흡수하지 않으면 본래의 생장이 불가능하지만, 토양이 침수될 정도의 과습상태에서도 정상적인 생장이 불가능하다.

이것은 뿌리의 호흡에 필요한 산소가 공급되지 않기 때문이며, 호흡이 곤란해지면 지상부가 시드는 것 같은 증상이 나타난다.

◀ 애기부들
Typha angustifolia

| 내습성
내습성이 강한 식물

◀ 캥거루발톱
Anigozanthos flavidus

| 내습성
내습성이 약한 식물

PART 08

식물의 재배

■ 토양

• 토양(土壤), soil, ドジョウ

토양이란 암석의 파편으로부터 생긴 무기성분과 동식물의 사체가 분해되어 생긴 유기성분이 혼합된 지구지각의 최표면의 생성물을 말한다.

토양의 일부는 미생물의 작용에 의해 양분이 되어, 물과 함께 식물에 흡수된다. 토양은 육지에 사는 모든 동식물의 삶의 터전인 동시에 양분을 공급받는 곳이기도 하다.

■ 토양삼상

• 토양삼상(土壤三相), three phases of soil, ドジョウサンソウ

토양은 무기성분과 유기성분으로 된 고체의 토양입자, 액체, 그리고 기체가 들어 있는 틈새孔隙로 구성되어 있다. 이들을 각각 고상固相, solid phase, 액상液相, liquid phase, 기상氣相, gas phase의 토양삼상이라 한다.

삼상의 비율은 토양의 종류에 따라 다르지만, 일반적으로 식물의 생육에 적합한 토양은 고상이 50% 미만인 토양이다. 보통은 점토와 유기성분이 많을수록 고체의 비율이 낮고, 공극이 많다.

이것을 단립團粒이라 하며 토양 입자가 응집하여 거친 덩어리 상태를 이루고 있어서, 식물의 생육에 적합하다. 나머지 액상과 기상

은 항상 변동한다.

즉, 비가 내린 뒤나 관수를 실시한 다음에는 액상이 늘어나고 그만큼 기상이 줄어들며, 건조할 때는 그 반대가 된다. 토양삼상 가운데 고상의 비율을 고상율, 전체에서 고상율을 뺀 것을 공극율이라 한다.

■ 단립구조, 단립구조

• 단립구조(團粒構造), aggregate structure, ダンリュウコウゾウ;
• 단립구조(單粒構造), single grained structure, タンリュウコウゾウ

몇 개의 토양입자가 모여서 만드는 작은 덩어리를 단립團粒이라 한다.

또 이 단립이 모여서 크고 작은 단립이 되고, 그 단립이 조밀하게 배열된 토양의 상태를 단립구조團粒構造라 한다. 반대로 토양입자가 그 자체의 상태로 배열된 것을 단립구조單粒構造라 한다.

예를 들면, 밥알은 단립單粒구조이고, 밥알로 만든 주먹밥은 단립團粒이며, 크고 작은 주먹밥을 도시락에 넣은 상태는 단립團粒구조라 할 수 있다. 단립團粒구조에는 크고 작은 토양공극이 존재하기 때문에 공기의 투과, 물의 침투 및 유지가 적절하게 이루어진다. 이 때문에 단립團粒구조의 토양은 보수성, 배수성, 통기성이 좋으며 식물의 생육에 적합하다.

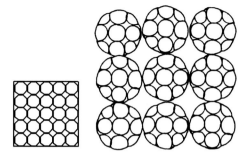

단립구조(單粒構造)   단립구조(團粒構造)

■ 토양개량제

- 토양개량제(土壤改良制), soil conditioner, ドジョウカイリョウザイ

토양의 단립구조團粒構造를 촉진하기 위한 약제를 토양개량제라 하며, 보통은 합성고분자 화합물의 접착물질을 토양에 섞어 이용한다. 퇴비, 볏짚, 들풀 등도 토양의 단립화를 형성하는 능력이 있으므로, 일종의 토양개량제라고 할 수 있다

■ 배양토

- 배양토(培養土), compost, バイヨウド

식물재배에 적합한 몇 가지 소재를 배합하여 제조한 토양을 배양토라 하며 배합토配合土, 퇴비堆肥, 용토用土라고도 한다.
원래 배양토는 산모래나 논흙 등에 유기질소재를 혼합한 뒤, 일정기간 퇴적하여 보수, 배수, 통기가 잘 되도록 한 것을 말하지만, 최근에는 이를 엄밀하게 구분하지는 않는다. 또 물이끼水苔처럼 한 가지 재료만 사용하는 것도 포함된다.

■ 배양토의 종류

배양토는 무기질소재와 유기질소재로 대별되며, 많이 사용되는 것으로는 다음과 같은 종류가 있다.

❶ 무기질소재 無機質素材

버미큘라이트

펄라이트

녹소토   적옥토

■ 버미큘라이트(vermiculite)

질석蛭石을 약 1,100℃의 고온으로 단시간에 소성처리한 것. 약 10배로 팽창되어 있어서 가볍고 다공질이며, 특히 보수성이 뛰어나다. 통기·배수성이 좋아 많이 사용하지만, 다공질이 부서지면 배수성이 나빠진다.
보비력保肥力이 강하고, 피트모스와 혼합하면 삽목용토로 적합하다.

■ 펄라이트(pearlite)

진주석眞珠岩을 분쇄하여 900~1,200°C의 고온으로 소성처리한 백색 입자. 약 10배로 팽창되어 있어서 공극량이 92.4%로 크고, 보수·통풍·배수성이 뛰어나다.
가벼워서 행잉바스켓hanging basket의 배양토 소재로 많이 사용하며, 피트모스와 혼합하면 삽목용토로 적합하다.

■ 녹소토(鹿沼土)

일본 토치키현 주변에 분포하는 다갈색의 화산분출물. 산성토양이고 보수 · 통기성이 뛰어나다. 비료분은 거의 포함하지 않으며, 삽목용토로도 적합하다.

■ 적옥토(赤玉土)

일본 도카이 지방의 구릉지에 분포하는 화산재가 퇴적된 적갈색의 심토를 적토라 하며, 일정한 크기의 적토를 적옥토라 한다.

단립團粒조직이며, 비료분은 거의 포함되지 않아서 삽목용토의 소재로도 많이 사용된다. 미세한 입자를 골라내면 배수 · 통기 · 보수성이 우수하다.

❷ 유기질소재 有機質素材

부엽토　　　　　피트모스

■ 부엽토(腐葉土)

참나무류 등 활엽수의 낙엽이 쌓여 충분히 부식된 것.

다공질이므로 통기 · 배수 · 보수성이 뛰어나다. 단립團粒구조를 가진 토양을 생성하는 데 도움이 된다.

■ 피트모스(peat moss)

한랭지의 습지에 물이끼가 오랫동안 퇴적되어 무기화하지 않고 생긴 퇴적물을 건조 · 분쇄한 것. 산도가 높고 비료분이 적은 것이 특징이다.

보수 · 통기성이 뛰어나지만, 배수성은 떨어진다. 삽목용토의 소재로 적합하며, 펄라이트나 버미큘라이트와 혼합해서 사용하면 좋다.

■ 비료의 5요소

❶ 질소(N)

식물체의 원형질과 엽록소를 구성하는 단백질의 주요 구성성분. 줄기, 잎, 뿌리를 신장시키고 잎색을 좋게 하기 때문에 엽비葉肥라고도 부른다. 부족하면 잎이 황화하고, 아랫잎이 고사하거나 생육이 불량해진다.

과잉일 때는 생육이 너무 왕성해져서 식물이 웃자라고 개화도 나빠지며, 병충해에 취약해진다.

❷ 인산(P)

식물의 세포핵의 구성 성분이며, 생리적으로 중요한 효소의 구성성분이기도 하다. 일반적으로 개화 · 결실을 촉진하기 때문에 실비實肥라고도 부른다.

결핍하면 잎이 보라색을 띠고, 잎맥 사이가 황화현상을 나타내며, 개화와 뿌리의 발달이 나빠진다. 과잉에 의한 장해는 잘 나타나지 않지만 철, 아연, 구리 등의 결핍을 유발하는 수가 있다.

❸ 칼륨(K)

식물체의 세포액 속에 이온의 형태로 녹아 탄수화물의 합성을 도우며, 식물체 내의 수분조절에도 관계가 있다.

뿌리의 발육을 촉진하기 때문에 근비根肥라고도 부르며, 줄기 · 잎도 튼튼하게 한다. 부족하면 잎끝부터 황화현상을 보이며, 잎가장자리로 퍼져가서 갈색으로 변하면서 고사한다.

또 뿌리의 발달이 저해되거나 내병성도 약해진다. 과잉흡수하면 질소, 칼슘, 마그네슘의 흡수를 방해한다.

❹ 칼슘(Ca)

일반적으로 잎에 많이 포함되어 있으며, 잎속에서 행해지는 대사작용 시 생기는 유기산을 중화한다.

또 세포막의 구성성분이기도 하다. 칼슘은 식물체 내에서 이동이 어렵기 때문에 결핍되면 어린잎이나 새순부터 증세가 나타나기 시작하여 황화현상을 일으키고 고사한다. 칼슘의 결핍은 토양의 산성화를 초래하며, 과잉살포하면 토양이 중성화 또는 알칼리성화 하기 때문에 망간, 철, 아연, 붕소 등의 흡수가 어렵게 된다.

❺ 마그네슘(Mg)

엽록소의 중요한 구성성분이며, 식물체 내에서 인산의 이동에 관여한다.

마그네슘은 체내에서의 이동이 쉽기 때문에 결핍증은 오래된 잎에서 나타나며, 잎가장자리의 황화현상이 점차 잎맥 사이로 진행되어 한층 더 심해지면 잎이 떨어진다. 또, 인산의 흡수가 나빠져서 인산 결핍을 유발한다.

■ 무기질비료, 유기질비료

- 무기질비료(無機質肥料),
  inorganic fertilizer, ムキシツヒリョウ
- 유기질비료(有機質肥料),
  organic fertilizer, ユウキシツヒリョウ

비료는 제조법에 따라 무기질비료와 유기질비료로 대별된다. 무기질비료는 무기화합물 형태의 비료로 화학적으로 합성되고 만들어지는 화학비료의 대부분이 여기에 포함된다.

그러나 유기화합물인 요소와 석회질소는 화학적으로 합성되므로 편의상 무기질비료에 포함된다. 유기질비료는 천연유기화합물 형태의 비료를 말한다.

■ 단비, 복비

- 단비(單肥), single fertilizer, タンビ;
- 복비(複肥), compound fertilizer, フクゴウヒリョウ

한 종류의 성분만을 포함하는 비료를 단비라 한다. 이에 대해 비료의 3요소 가운데 두 종류 이상의 성분을 포함하는 비료를 복비 또는 복합비료複合肥料라고 한다.

■ 완효성비료, 속효성비료, 지효성비료

- 완효성비료(緩效性肥料), slow release fertilizer, カンコウセイヒリョウ;
- 속효성비료(速效性肥料), rapid-acting fertilizer, ソッコウセイヒリョウ;
- 지효성비료(遲效性肥料), slow-acting fertilizer, チコウセイヒリョウ

비료는 효능이 나타나는 속도에 따라 3가지 유형으로 분류된다.

완효성비료는 한번 주면 천천히 그리고 장기간 효과가 지속되는 비료로, 밑거름으로 용토에 섞어주거나 성장초기에 사용하면 효과적이다. 속효성비료는 금방 효과가 나타나지만 지속성이 별로 없어서, 식물의 성장상태를 봐가면서 웃거름으로 가끔 주는 것이 좋다. 또, 지효성비료는 식물에 흡수될 때까지 시간이 걸리고 효과가 천천히 지속되며 유박, 골분, 녹비 등의 유기질비료가 이에 해당한다.

02 식물의 번식

■ 유성색식, 무성생식

- 유성생식(有性生殖), sexual reproduction, ユウセイセイショク;
- 무성생식(無性生殖), asexual reproduction, ムセイセイショク

종자는 수정에 의해 암수가 합체하여 생기는 것이다. 이렇게 성性을 통해 생식하는 것을 유성생식이라고 한다.

유성생식은 수컷과 암컷이 합체하기 때문에, 종자는 부모와는 다른 새로운 유전정보를 가지며, 종자끼리도 서로 다른 유전정보를 가진다.

야생식물에 있어서 이러한 차이는 환경 적응에 대한 폭을 넓히게 되어, 환경이 급변하더라도 멸종할 위험이 적어진다.

이러한 유성생식에 대해, 삽목이나 휘묻이, 접목, 구근번식, 포기나누기 등의 번식방법은 수컷과 암컷의 합체가 없기 때문에, 성의 개입이 없어서 무성생식 혹은 영양번식榮養繁殖이라 한다. 조직배양도 영양번식의 일종이며, 새로 늘린 개체는 부모와 같은 유전정보를 가지게 된다.

같은 부모로부터 무성생식에 의해 늘린 개체군을 클론clone이라고 부른다.

■ 종자번식

- 종자번식(種子繁殖), seed propagation, シュシハンショク

종자를 뿌려서 식물을 번식시키는 방법을 종자번식이라 한다. 종자가 발아해서 생긴 작은 식물을 실생이라고 하기 때문에 실생번식實生繁殖이라고도 한다.

식물을 번식시키기 위해 종자를 뿌리는 작업을 파종播種, seeding이라고 하며, 다음과 같은 방법이 있다.

흩어뿌림   줄뿌림   점뿌림

파종의 종류

❶ 흩어뿌림

- 산파 (散播), broadcast seeding, バラマキ

종자를 용토의 표면에 고르게 뿌리는 방법.
종자가 미세한 경우는 약간 두꺼운 종이를
둘로 접어서 그 사이에 종자를 넣고 엽서나
팔을 손가락으로 쳐서 진동으로 떨어뜨리는
방법을 사용하면 편리하다.

처음에 전체의 2/3정도를 뿌리고, 나머지는
2~3회에 나누어 뿌리는 것이 좋다.

❷ 줄뿌림

- 조파(條播), stripe seeding, ジョウマキ

용토의 표면에 손가라이나 나무마대로 골을
내고 종자를 뿌리는 방법.

흩어뿌림과 마찬가지로 종자가 한 곳에 뭉
쳐지지 않도록 뿌린다. 이것도 2~3회에 나
누어 뿌리는 것이 좋다.

❸ 점뿌림

- 점파(點播), spot seeding, テンマキ

손가락으로 용토에 등간격의 구멍을 내고,
그 속에 3~5알의 종자를 뿌린다. 큰 종자인
경우 좋은 방법이다.

■ 직파

- 직파(直播), direct seeding, ジカマキ

화단 등에 종자를 직접 뿌리는 것을 직파라
한다. 해바라기 정도의 큰 종자를 뿌리기에
적합하다.

■ 복토

- 복토(覆土), soil covering, フクド

종자를 뿌리고 나서 그 위를 파종용토로 덮
는 것을 복토라 하며, 보통 종자 2~3배의
두께가 적당하다. 미세한 종자나 호광성종
자好光性種子는 복토를 하지 않고 화분 위를
랩으로 씌워 습도를 유지한다.

■ 발아

- 발아(發芽), germination, ハツガ

식물은 종자라는 형태를 통해서 적응하기
어려운 환경 저온, 건조 등을 견뎌내고 생존할
수 있다. 종자가 생장을 정지한 상태를 휴면
상태라 하며, 다시 온도·수분·빛 등의 조
건이 적합한 상태가 되면 종자는 생장을 재

개하는데, 이를 발아라고 한다. 보통 뿌리가 먼저 나오지만, 일반적으로 지상에 싹이 나온 상태를 발아라고 한다.

■ 솎아내기

• 간인(間引), roguing, マビキ

파종할 때, 종자는 필요한 모종의 몇 배를 뿌린다. 이 때 모든 종자가 발아하면 생육간격이 너무 좁기 때문에 건강한 모종으로 키우기 어렵다.

따라서 생육이 느린 것이나 키만 크게 자란 것, 형태가 좋지 않은 것 등은 뽑아내는데 이 작업을 솎아내기라고 한다. 야채의 경우, 무 등은 솎아내기한 모종을 식용하기도 한다.

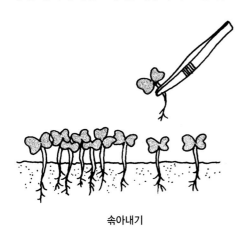

솎아내기

■ 삽목

• 삽목(揷木), cuttage, サシキ

잎이나 줄기, 뿌리 등 식물체의 일부를 분리하여, 삽목상에 꽂아 뿌리나 싹을 형성시켜, 새로운 독립된 식물체로 증식시키는 방법을 삽목 또는 꺾꽂이라고 한다.

식물은 상처가 나면, 그것을 보완하기 위한 새로운 조직이나 기관을 만드는 재생능력을 가지고 있다.

따라서 삽목은 인위적으로 식물의 일부를 절단하여 분리된 식물체의 재생을 유발하는 작업이라고 할 수 있다. 삽목은 가장 일반적인 번식방법으로 기술적으로 쉽고, 부모와 같은 성질의 모종을 단기간에 많이 생산할 수 있다는 장점을 가지고 있다. 또 종자번식보다 생장, 개화, 결실이 빠르고 반입무늬 등 식물에 생긴 변이부분만 번식시킬 수 있기 때문에 많이 활용된다.

낙엽수는 새눈이 나오기 직전인 2월 하순부터 3월과 장마시기, 상록수는 온도와 습도가 높은 장마시기가 삽목의 적기이다. 삽목 후 온도를 15~25°C로 유지하면 언제라도 발근이 가능하다. 삽수의 종류에 따라 줄기꽂이葉揷, stem cutting, 잎눈꽂이葉芽揷, leaf bud cutting, 잎꽂이葉揷, leaf cutting, 뿌리꽂이根揷, root cutting 등으로 구분한다.

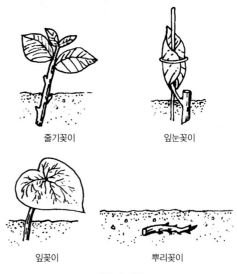

줄기꽂이   잎눈꽂이

잎꽂이   뿌리꽂이

삽목의 종류

■ 모수, 삽수

- 모수(母樹), mother tree, オヤカブ;
- 삽수(插穗), scion, サシホ

삽목작업에서 삽수를 채취하는 나무를 모수 또는 어미나무라고 하며, 분리해서 새롭게 독립시키는 부분을 삽수 또는 수목穗木이라고 한다. 삽수는 잘 드는 정원가위로 어미나무에서 떼어 내어, 단면을 예리한 칼로 잘라서 만든다. 삽목상에 꽂을 때는 아랫잎은 잘라내고, 위의 잎은 반 정도 잘라주어 잎에서의 증산을 줄여준다. 이러한 작업을 삽수조정이라 한다.

■ 삽목상

- 삽목상(插木床), cutting bed, サシキドコ

삽목에 사용할 용토를 화분이나 육묘상자에 넣어 준비한 것을 삽목상이라 한다. 삽목상에 삽목할 때는 삽수의 잘린 부분에 상처가 나지 않도록 나무젓가락 등으로 구멍을 뚫고, 삽수의 1/2 정도가 삽목용토에 묻히게 꽂은 후, 움직이지 않도록 아랫부분을 눌러준다. 삽목 후에는, 물을 충분히 주고 직사광선이 들지 않는 반그늘에 두어 삽목용토가 마르지 않도록 관리한다.

■ 휘묻이

- 취목(取木), layerage, トリキ

휘묻이는 한자로 취목이라고 하며, 고취법高取法과 저취법低取法의 두 가지 방법이 있

다. 고취법은 높이떼기를 말하며, 저취법에는 압조법과 성토법이 있다.

■ 압조법, 성토법

- 압조법(壓條法), bend layering, アツジョウホウ;
- 성토법(盛土法), mound layerage, モリツチホウ

휘묻이의 종류로는 고취법과 저취법이 있다. 저취법이 휘묻이라는 의미에 더 부합하는 용어라 할 수 있으며, 구체적인 방법으로는 압조법과 성토법이 있다.

압조법은 어미나무의 가지를 구부려 토양 속에 묻어 두었다가, 발근하면 어미나무에서 잘라내어 묘목으로 심는 번식방법이다. 이에 대해, 성토법은 여러 개의 새 가지가 나온 어미나무의 밑동에 흙을 북돋아 발근시킨 후, 뿌리와 함께 가지를 떼어내어 새 개체를 만드는 번식방법이다.

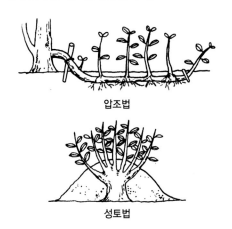

압조법

성토법

■ 높이떼기

- 고취법(高取法), air layering, タカトリホウ

높이떼기는 어미나무에서 미리 줄기를 떼어내지 않고, 발근시킨 후에 분리하여 독립된

식물체로 번식시키는 방법이다. 줄기를 떼어 내지 않고 발근시키므로 실패할 확률이 적고, 실패하더라도 어미나무는 남아 있다. 또 삽목에 비해 큰 식물체를 얻을 수 있지만, 발근할 때까지 시간이 많이 소요되기 때문에 대량 번식법으로는 적합하지 않다. 삽목이 가능한 식물은 모두 높이떼기로 번식시킬 수 있으며, 작업의 적기는 생장기인 4~7월이다. 방법으로는 환상박피법環狀剝皮法, girdling이 가장 널리 이용되고 있다. 먼저 잘 드는 칼로 발근시킬 부분을 부름켜까지 2.5~3cm 폭으로 홈을 파서 벗겨낸다.

벗겨낸 부분을 물에 적신 물이끼水苔로 감싸고, 다시 검은 비닐로 싸준 뒤, 끈이나 테이프로 양쪽 끝을 묶어서 수분이 유지되도록 해준다. 이후 뿌리가 내리면 가지를 잘라내어 땅에 심어서 키운다.

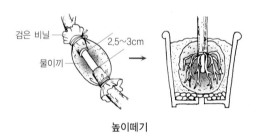

높이떼기

■ 접목

• 접목(接木), grafting, ツギキ

식물체의 일부를 떼어 내어, 다른 식물체에 유합시켜 새로운 개체로 번식시키는 방법을 접목이라고 한다. 접목되는 쪽의 식물을 대목臺木, stock이라 하고, 붙이는 쪽의 식물을 접수接穗, scion라고 한다. 접수는 지상부로 뻗어서 꽃을 피우거나 열매를 맺거나 관상부가 되며, 대목은 뿌리가 붙은 식물을 이용하며 뿌리와 줄기의 일부가 된다.

접수는 광합성에 의한 동화물을 대목으로 보내고, 대목은 뿌리부터 흡수한 물이나 양분을 접수로 보내기 때문에 양자는 서로 공생관계에 있다고 할 수 있다.

접목의 장점은 다음과 같은 것이 있다.

❶ 종자나 삽목 등으로 번식시킬 수 없는 식물도 번식이 가능하며, 같은 형질을 유지할 수 있다.
❷ 접목묘는 종자파종에 비해 생장·개화·결실이 빠르다.
❸ 대목의 선택에 따라 병해나 더위, 추위에 강한 수종을 만들 수 있다.
❹ 대목에 여러 가지 원예품종의 접수를 접목하여, 다양한 꽃이나 열매를 즐길 수 있다.

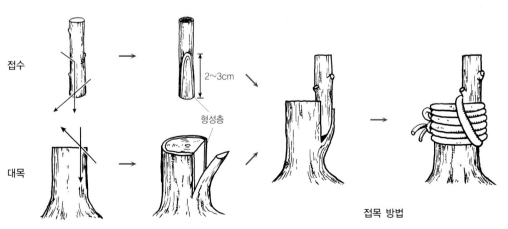

접목 방법

■ 알뿌리번식

• 구근번식(球根繁殖), キュウコンハンショク

알뿌리로 번식시키는 것을 알뿌리번식 또는 구근번식이라고 한다.

알뿌리번식은 다음과 같은 장점이 있다.

❶ 알뿌리는 휴면기가 있기 때문에, 이 시기에는 종자처럼 취급할 수 있다.
❷ 부모와 같은 형질을 유지할 수 있다.
❸ 커서 취급이 용이하다.

■ 분구

• 분구(分球), division, ブンキュウ

인공번식에 이용되는 알뿌리 또는 비늘조각을 어미덩이 母球라 하며, 이것을 인위적으로 분리하여 새로운 알뿌리 또는 비늘조각, 즉 새끼덩이 子球를 만들어 내는 것을 분구라고 한다.

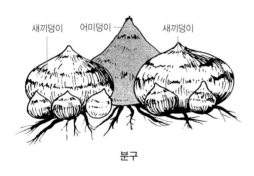

새끼덩이 어미덩이 새끼덩이

분구

■ 포기나누기

• 분주(分株), division, カブワケ

뿌리를 뿌리와 싹이 붙은 여러 개의 포기로 분할하여 번식시키는 방법으로, 뿌리나누기

分根라고도 한다. 식물의 밑동에서 새로운 줄기가 나오는 주립상의 관목이나 여러해살이풀에 적용할 수 있다.

포기의 수를 늘릴 뿐 아니라, 세력이 약한 포기를 갱신하는 효과도 있다. 삽목이나 휘묻이는 작업 후에 발근시켜야 하지만, 포기나누기는 원래 발근되어 있는 것을 분할하는 것이므로 기술적으로 간단하고 안전한 방법이지만, 한 번에 많이 번식시킬 수는 없다는 것이 단점이다.

작업시기는 단순히 번식이 목적인 경우는 새로운 뿌리가 발생하는 시기라면 언제든지 가능하다.

그러나 포기를 갱신하여 다음 시즌의 개화를 목적으로 한다면, 꽃눈이 형성되어 있을 때나 형성되기 직전에는 하지 않아야 한다. 포기나누기를 할 때는 뿌리나 눈의 위치를 잘 확인해서, 손이나 전정가위 등을 사용해서 분할한다.

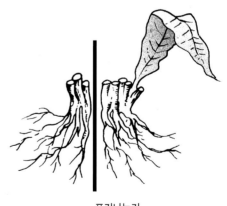

포기나누기

■ 전정

• 전정(剪定), pruning, センテイ

식물의 줄기 수간 또는 가지를 자르는 것을 전정이라고 한다. 전정은 식물체를 작게 키우거나, 분지를 촉진시키거나, 가지의 수를 줄이기 위한 목적으로 행한다. 또 전정을 통해서 식물을 재배하는 공간에 적합한 수형으로 만들거나, 꽃이나 열매의 수를 조절하기 위해서 실시한다. 꽃이나 열매를 즐기는 식물은 꽃눈이 생기는 시기가 식물에 따라 다르기 때문에 전정시기를 잘못 맞추면 꽃눈을 없애버리는 수가 있다.

따라서 식물마다 꽃눈이 생기는 시기를 미리 조사해서 꽃눈이 생기기 전에 전정을 해야 하며, 이미 생긴 후에는 하지 않아야 한다. 일반적으로 꽃이 지기 시작할 무렵이나 꽃이 진 직후에 실시한다. 꽃이나 열매를 대상으로 하지 않는 낙엽수는 낙엽기부터 이른 봄11~3월까지, 상록수는 새눈이 생기기 직전인 3~4월이 전정의 적기이다.

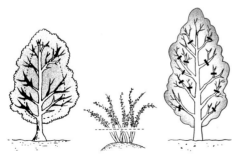

가지치기　　주갱신　　가지솎기

❶ 가지치기

• 전지(剪枝), pruning, カリコミ

나무의 가지를 쳐서 원하는 크기의 나무로 만들기 위한 전정으로 전지 剪枝 또는 정지 整枝라고 한다.

눈 芽에는 수관 내부로 향하는 안눈 內芽과 외부로 향하는 바깥눈 外芽이 있는데, 가지치기를 할 때는 안눈의 위쪽이 아니라 바깥눈의 위쪽을 잘라야 좋은 수형이 나온다.

❷ 가지솎기

• 간인(間引), thinning, スカシ

가지가 복잡하게 난 곳을 중심으로 큰 가지를 잘라주거나, 가지의 수를 줄여 주는 것을 가지솎기라 한다.

위는 강하게, 아래는 약하게 전정하는 것 기본이다. 또, 가지를 자를 때는 반드시 가지의 밑동을 잘라주어야 한다.

❸ 주갱신

• 주갱신(株更新), cut back, キリモドシ

지상부의 모든 가지를 잘라주어 새로운 가지가 지면에서 나오도록 하는 전정을 주갱신이라 한다.

이때에는, 반드시 지상부 전체를 잘라주어야 한다.

❹ 수관다듬기

• 수관정리(樹冠整理), ジュカンセイリ

산울타리나 정형수형의 외관 모양을 정리하는 전정을 말한다. 산울타리의 외관을 다듬을 때는 울타리 끝에 말뚝을 박고 끈으로 기준선을 표시한 상태에서 작업하면 면이 고르게 나온다. 또 위를 조금 좁고 강하게 자르고 아래로 내려올수록 약하게 전정하면, 오랫동안 아름다운 녹음을 유지할 수 있다.

❺ 순자르기

• 적심(摘心), pinching, テキシン

줄기의 선단부만 전정하는 것을 적심이라고 한다. 분지 分枝를 촉진하거나 생육을 조절하기 위해 실시한다.
어린 곁가지의 적심을 아적 芽摘 혹은 눈자르기 芽切이라고 한다. 소나무류의 경우는 특히 순지르기라고도 한다.

❻ 꽃솎음

• 적화(摘花), flower thinning, テキカ

꽃이나 열매의 수를 조절하기 위해 꽃을 따내는 것을 꽃솎기 또는 적화라고 한다. 꽃이나 열매 하나하나를 크게 만들기 위해서 실시한다.

■ 이식

• 이식(移植), transplantation, イショク

수목은 관상하거나 수확하는 장소에 직접 심기도 하지만, 보통은 처음에 심어진 곳에서 캐어 다른 곳으로 옮겨 심는데, 이 작업을 이식 또는 옮겨심기라고 한다.

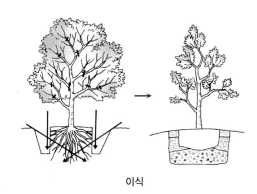

이식

■ 화분이식

종자나 삽목으로 번식시킨 묘를 모판에서 화분에 이식하는 작업을 말한다. 종자로 번식시킨 실생묘는 보통 본엽이 2~4장 생겼을 때, 화분으로 이식한다.

■ 정식(定植)

관상 또는 수확을 위해 화분이나 컨테이너, 화단 등에 이식하는 작업을 정식이라고 한다.
여러해살이풀이나 목본식물은 정식 후에도 생육상태에 따라 이식하는 경우가 있지만, 한·두해살이풀은 보통 정식 후에는 이식하지 않는다.

■ 가식(假植)

장래에 원하는 장소에 심을 것을 가정하여 정식 전에 일시적으로 심어 두는 작업을 가식이라고 한다.

■ 분갈이

화분에서 더 큰 화분으로 이식하는 것을 분갈이라고 한다.

■ 연작장해

• 연작장해(連作障害), replant failure,
レンサクショウガイ

같은 토양에서 같은 식물 혹은 같은 종류의 식물을 해마다 재배하는 것을 연작이라고 한다. 식물을 연작재배하면 생육불량 현상이 발생해서 심한 경우는 고사하기도 하는데, 이런 현상을 연작장해라고 한다.

특히 야채재배에서 문제가 된다. 연작장해가 일어나기 쉬운 야채로는 가지과의 가지, 감자, 고추, 피망, 토마토 등, 박과의 오이, 멜론, 수박 등, 십자화과의 양배추, 배추 등, 콩과의 강낭콩, 청대콩, 잠두 등이 있다. 반대로 연작장해가 적은 야채로는 파, 양파, 마늘, 고구마, 무, 옥수수, 당근 등이 있다. 연작장해의 원인으로는 토양 중의 무기질 결핍 또는 불균형, 토양 전염성의 병해충, 식물의 생육을 저해하는 물질 등을 들 수 있다. 연작장해를 회피하기 위해서는 같은 종류의 식물을 반복해서 재배하지 않고 여러 가지 식물을 윤작輪作 재배하거나, 퇴비 또는 부엽토 등의 유기질소재를 투입하거나, 토양을 소독하는 등의 방법이 있다.

■ 공영식물

• 공영식물(共榮植物), companion plant,
キョウエイショクブツ

어떤 식물 근처에 재배함으로써 병해충의 감소, 생장의 촉진, 수량의 증가 등 서로에게 좋은 영향을 주는 식물들을 공영식물이라 한다. 예를 들어, 토마토에 만수국을 심거나, 배추 등의 십자화과 야채 근처에 국화과의 상추를 심으면 해충이 감소하는 것으로 알려져 있다.

■ 천적

• 천적(天敵), natural enemy, テンテキ

식물의 해충을 포식하거나 기생함으로써 죽이는 생물을 총칭하여 천적이라고 부른다.
천적의 예로는 곤충, 새, 거미류, 포식성 응애류, 선충, 사상균, 바이러스 등이 있다.

■ 멀칭

• 피복(被覆), mulching, マルチング

식물을 재배하는 토양의 표면을 짚이나 낙엽, 우드칩 등의 유기질이나 전용 플라스틱 필름 또는 부직포 등으로 덮는 것을 멀칭이라 한다. 멀칭의 효과는 토양의 건조방지, 온도조절, 침식방지 및 잡초의 발생방지 등이 있다.

PART 09

식물의 이름

■ 보통명

- 보통명(普通名), common name, フツウメイ

학명이 세계 공통의 이름인 것에 대해, 각 나라에서 그 나라의 언어로 식물에 붙인 이름을 보통명이라 한다. 하나의 종種에 대해 주어진 이름 외에, 어느 일정한 그룹과, 속 등에 붙여진 것도 있다. 우리나라에서도 식물에 대해서 종마다 보통명을 붙이는 것이 일반적이다. 보통명은 학명처럼 일정한 규칙에 따라 만들어진 것은 아니다. 특히 한국이 원산인 식물의 경우에는 자연발생적으로 붙인 것이 많고, 식물학상 같은 종에 다른 이름이 붙거나, 다른 종류에 같은 이름을 붙인 경우도 있다. 또, 인간생활과 밀접한 관계가 있는 식물은 지방마다 많은 이름이 있어서, 그 지역의 사람이 아니면 알 수 없는 것도 많다.

각각의 이름은 그 식물과 인간과의 관계를 고찰할 수 있는 등, 흥미로운 점이 많지만 많은 사람과 정보교환을 하기에는 불편하기 때문에 공통적으로 사용할 수 있는 보통명 하나를 정하고 그것을 정명正名이라고 한다. 정명 외에 각지에서 불려지는 이름을 향명鄕名 또는 속명俗名이라 한다. 식물이나 동물의 분류는 종을 기본으로 하고, 비슷한 종을 모아 속屬이라 하고, 비슷한 속을 모아 과科라고 하는 것처럼 저차부터 고차로 계급을

만들어 분류하고 있다. 또 종은 아종亞種, 변종變種, 품종品種 등으로 더욱 세밀하게 분류된다. 이들 그룹을 각각 분류군分類群, taxon이라 하고, 그 계급을 분류계급이라고 한다. 정명도 각각의 분류군에 대해 주어진다. 속屬에 대한 정명은 일반적으로 그 속 내의 대표종의 표준명을 어간으로 하고, 거기에 속이나 과 등의 분류군을 나타내는 말을 붙여서 표시한다. 그러나 그 분류군에서 대표하는 종을 특정할 수 없을 때에는 '벚나무' 등 일정한 분류군을 나타내는 총칭을 어간으로 벚나무속이라 나타낸다. 참고로 '벚나무'라는 종은 존재하지 않으며 '벚나무속 벚나무아속' 식물의 총칭이다.

■ 분류군의 계급

식물분류학에서는 종을 기본으로 몇 개의 분류군의 계급이 있다. 최상위 분류군은 계界이다. 최근에는 계보다 높은 계급으로 도메인Domain을 설정하여 진정세균 도메인Bacteria Domain, 고세균 도메인Archaea Domain, 진핵세균 도메인Eucarya Domain의 방식이 제창되고 있다. 현생의 식물종은 반드시 어느 속·과·목·강·문·계에 속하여, 학명이 주어진다. 그 외의 계급은 필요에 따라 주어진다. 식물분류학에 사용되는 분류군의 계급을 산벚나무를 예로 들어 나타내었다.

계급	학명의 어미	학명
계(界)	Kingdom	식물계 Plantae
아계(亞界)	Subkingdom [−bionta]	유배식물아계 Embryobionta
문(門)	Division [−phyta]	피자식물 (목련)문 Angiospermae; Anthophyta; Magnoliophyta
아문(亞門)	Subdivision [−phytina]	
강(綱)	Class [−opsida]	쌍떡잎식물문 (목련)강 Dicotyledoeae; Magnoliopsida
아강(亞綱)	Subclass [−idae]	장미아강 Rosidae
목(目)	Order [−ales]	장미목 Rosales
아목(亞目)	Suborder [−ineae]	장미아목 Rosineae
과(科)	Family [−aceae]	장미과 Rosaceae
아과(亞科)	Subfamily [−oideae]	장미아과 Prunoideae
연(連)	Tribe [−eae]	장미련 Pruneae
아련(亞連)	Subtribe [−inae]	
속(屬)	Genus	벚나무속 Prunus
아속(亞屬)	Subgenus	벚나무아속 Cerasus
절(節)	Section	벚나무아절 Pseudocerasus
아절(亞節)	Subsection	
열(列)	Series	
아열(亞列)	Subseries	
종(種)	Species	산벚나무 Prunus sargentii
아종(亞種)	Subspecies(subsp. 또는 ssp.)	
변종(變種)	Variety(var.)	
아변종(亞變種)	Subvariety(subvar.)	
품종(品種)	Form(f.)	
아품종(亞品種)	Subform(subf.)	

■ 학명

• 학명(學名), scientific name, ガクメイ

보통명이나 재배품종명은 나라가 다르거나 지역이 다르면 통하지 않는다. 동식물은 국경이 없기 때문에 이 이름으로 표현하다가는 문제가 발생할 수가 있다. 가령 A이란 나라에서 a라는 식물에 약효가 있다는 논문이 발표되었으나, B라는 나라에서는 a라는 이름이 다른 유독한 식물을 나타낸다면 큰 문제를 야기할 수 있다. 이런 불합리함을 해소하기 위해 고안된 것이 세계 공통의 동식물 이름인 학명으로, 국제하회에서 국제저으로 결정된 명명규약에 따라 명명되며, 라틴어로 표기된다. 식물은 야생식물은 물론, 재배되는 원예식물에도 적용되는 국제식물명명규약國際植物命名規約, International Code of Botanical Nomenclature과 재배식물에만 적용되는 국제재배식물명명규약國際栽培植物命名規約, International Code Nomenclature Cultivated Plants이 있다.

학명은 모든 분류군에 주어지며, 이들은 모두 분류군명 또는 택손Taxon이라 한다. 학명

● 식물의 계통분류

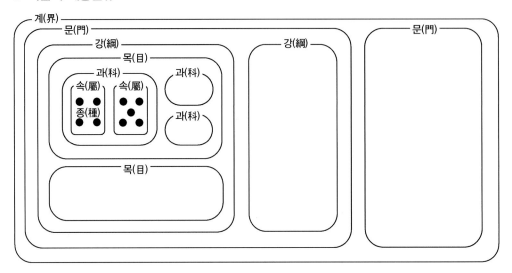

에는 원칙적으로 그 학명을 명명한 명명자의 이름을 붙이지만 생략하기도 한다. 가장 기본이 되는 분류계급인 종種에 대한 학명은 속명屬名과 종소명種小名의 조합으로 나타내며, 이 명명법을 이명법二名法, binominal nomenclature이라 한다. 따라서, 이 학명만 보면 그 종이 어떤 속에 포함되는지를 바로 판단할 수 있다.

이명법은 스웨덴의 유명한 식물학자인 카를 폰 린네Carl von Linné, 1707~1778가 제창한 것이다. 그는 속명과 종의 성질을 나타내는 대표적인 형용사를 조합하여 종의 이름을 표기

◀ 린네
Carl von Linné
1707~1778

하는 이명법에 따라 당시 유럽에 알려진 생물총람을 편집하였다. 그 후 이 방법이 생물종의 이름을 나타내는 편리한 방법으로 적용되게 되었다. 1867년 파리에서 열린 제1회 국제식물학회의에서 린네의 이명법이 정식으로 종에 대한 학명으로 결정되었다.

■ 재배품종명

> • 재배품종명(栽培品種名), cultivar name,
> エンゲイメイ

금호金鯱, Echinocactus grusonii, 기상천외奇想天外, Welwitschia mirabilis 등과 같이 주로 선인장과의 식물이나 다육식물에 붙어 있는 보통명이다. 원예적 관점에서 이들 식물의 애호가가 명명한 것으로 종이나 그 이하의 아종, 변종, 품종 등에 적용된다. 원예명園藝名이라고도 한다.

■ 학명의 발음

학명은 원예품종명이나 교배종명을 제외하면 원칙적으로서 라틴어로 표기되어 있다. 언어라는 것은 생활에서 사용되고 있으면 시대에 따라 그 의미가 달라지는 일이 자주 생긴다. 하지만 현재 라틴어를 국어로 일상생활에서 사용하고 있는 나라는 없기 때문에 그러한 걱정이 없다.

그러나 반대로 현실에 이렇게 발음된다는 표준이 없기 때문에 혼란이 야기될 수 있다. 예를 들어, 무화과나무속의 속명인 *Ficus*는 사람에 따라 피카스 또는 화이카스, 피쿠스 등으로 발음되고 있다. 학명은 기본적으로 문어文語이며, 그 철자가 중요하기 때문에, 발음에 대해 국제적으로 공인된 약속은 없다. 그러나 현실적으로는 발음하지 않고 정보교환하는 것은 불가능하므로 가능하면 통일하는 것이 좋다.

❶ 기본적인 발음

표기	발음
ae	아에, 에 (*Aechmea* 에크메아)
au	아우
b	ㅂ
c	ㅋ, ㅅ (*Cyclamen* 시클라멘)
ch	ㅋ
d	ㄷ
ei	에이
eu	에우, 유 (*Euphorbia* 유포르비아)
f	ㅍ
g, gu	ㄱ
j	야, 유, 이, 요
k, kh	ㅋ
l	ㄹ
oe	오에, 에 (*Phoenix* 포에닉스)

표기	발음
p, ph	ㅍ
qu	ㅋ
r, rh	ㄹ
s	ㅅ
t, th	ㅌ
ui	우이
v	ㅂ
x	ㄱㅅ (*Exacum* 엑사쿰)
y	이

❷ 자음 뒤에 모음이 없는 경우

자음 다음에 '으'를 넣어 발음한다.

예 : *Ardisia* 아르디시아

❸ mb나 mp

m은 'ㄴ'으로 발음한다.

예 : *Melampyrum* 메란필룸

❹ 같은 모음이 2번 계속될 경우

하나로 발음한다. 예 : *davidii* 다비디

❺ 같은 자음이 2번 계속될 경우

하나로 발음한다. 예 : *coccinea* 코키네아

❻ 라틴어의 모음

장음과 단음의 구별이 있지만, 로마제국 말기에는 그 구별이 없어지게 되어 장음부호 '‾'는 원칙적으로 사용하지 않는다.

예 : *flora* 플로오라가 아니라 플로라

❼ 인명이나 지명 등 고유명사에서 유래

가능하면 그 나라의 발음에 가깝게 발음한다.

❽ 로만체로 표기한 원예품종명, 교배종명, 개체명 등

그 나라의 발음에 가깝게 발음한다.

◀ 시계꽃 코키네아
Passiflora coccinea

| 학명의 발음

◀ 유포르비아 오베사
Euphorbia obesa

| 학명의 발음

02 학명의 표기법 (야생식물)

■ 학명 표기의 기본

식나무는 라틴어 문법에 따라 다음과 같이 표현한다.

Aucuba   japonica   Thunb.
속명   종소명   명명자명

*Aucuba*는 식나무가 분류되는 식나무속屬의 속명屬名에 대한 학명이다. 속에 대한 학명은 명사의 주격으로 대문자로 시작된다. 속명은 원칙적으로 라틴어이지만 라틴어화한 외래어도 가능하며, 그리스어도 많이 사용된다. 또 인명이나 신화 등에 등장하는 신의 이름, 지명 등도 사용된다. 속명에는 문법상 성性이 있어서 남성, 여성, 중성의 3개의 성으로 구별되며 *Aucuba*는 여성을 나타낸다. 다음에 오는 *japonica*는 종소명種小名이며,

속명과 조합하여 종種을 나타내는 학명이다. 종소명은 원칙으로서 그 종의 특징을 잘 표현하는 형용사지만, 명사의 소유격 또는 인명이나 지명에 따른 고유명사가 사용되기도 한다. 또, 속명을 형용하고 종을 나타내기 때문에 '종의 형용어'라고도 한다. 종소명은 속명의 성에 따라 그 어미가 변화한다. 위의 경우에서는 속명이 여성이므로 *japonica*이고, '일본의'라는 의미를 가진 형용사이다. 일반적으로 남성명사에서는 -us 또는 -is, 여성명사는 -a 또는 -is, 중성명사는 -um 또는 -e로 끝난다. 종소명은 소문자로 시작되지만, 인명이나 지명 등에서 유래하는 종소명은 성에 따른 어미변화가 없기 때문에 혼란을 피하는 의미에서 대문자로 시작하는 것도 허용된다. 마지막

의 Thunb.은 이 학명을 발표한 연구자_{명명}^자의 이름으로 학명의 정확성을 기한다는 의미에서 명명자의 이름을 쓰게 되어 있지만, 생략할 수도 있다. 예로 든 Thunb.은 스웨덴의 식물학자이자 웁사라대학의 식물학교수인 툰베리Carl Peter Thunberg의 이름을 간략화한 것이다. 물론 단순화하지 않고 Thunberg로 표기해도 상관없지만, 한 권의 책 내에서는 표기법을 통일해야 한다. 간략형 뒤에는 피어리드(.)를 붙인다. 또, 학명을 표기할 때는 속명과 종소명은 이탤릭체로, 그 이외에는 로만체로 나타낸다.

◀ 식나무
Aucuba japonica

| 학명

◀ 해오라비난초
Pecteilis radiata

| 학명

다음은 해오라비난초의 학명을 나타낸 것이다.

Habenaria radiata (Thunb.) K. Spreng.

*Habenaria*는 해오라비난초가 속한 해오라

비난초속을 나타내는 학명이고, 성은 여성이다. 종소명 *radiata*는 '방사상放射狀의'라는 의미를 가지는 형용사이다. 그 다음의 '(Thunb.) K. Spreng.'는 처음 툰베리에 의해 *Orchis radiata*라는 학명으로 발표되었으나, 1826년에 독일의 식물학자 슈프렝겔 K. Sprengel에 의해 해오라비난초속 *Habenaria*으로 옮겨졌다는 것을 나타내고 있다. 이처럼 학명을 변경할 경우, 원명명자의 이름은 ( ) 속에 표시한다.

○○○ et △△△

이 경우에 et는 '및'을 의미하며, ○○○과 △△△의 공동명명임을 나타내고 있다. et는 &라고 쓰기도 한다.

예 : *Columnea hirta* Klotzsch et Hanst.

◀ 콜럼네아 히르타
Columnea hirta

| 학명

◀ 베고니아 마니카타
Begonia manicata

| 학명

○○○ ex △△△

여기에서 ex는 '… 대신'이라는 의미이다.

○○○이 처음 이 식물에 이름을 붙였지만 발표하지 않았거나, 기재記載, description를 동반하지 않았을 경우, △△△가 대신 발표했다는 것을 나타내고 있다.

예 : *Begonia manicata* Brongn. ex Cels

또 명명 시에 특징이 분명하지 않거나 필요한 기재가 문헌에 기재되지 않은 분류군에 주어진 학명을 나명裸名이라 하며, 정식학명으로 인정되지 않는다.

■ 아종, 변종, 품종

- 아종(亞種), subspecies, アシュ
- 변종(變種), variety, ヘンシュ
- 품종(品種), form, ヒンシュ

1개의 종약칭 sp.이 아종subsp. 또는 ssp.이나 변종var., 품종form. 또는 f.으로 분류되는 경우는 종에 대한 학명 뒤에 다음 표와 같은 약칭을 붙이고, 그 다음에 종소명에 따른 이름을 붙인다. 약칭은 로만체로 나타낸다.

예 : *Philodendron scandens* K. Koch et F. Sellow ssp. *Oxycardium* (Schott) Bunt.

종 안에 2개 이상의 아종이나 변종이 있는 경우에는, 처음 그 종을 만들 때의 종을 기본종基本種이라 하고, 약칭 뒤에 같은 종소명을 반복하며, 명명자의 이름은 쓰지 않는다. 이 경우에 기본종을 다른 아종이나 변종에 대해 기준아종基準亞種, 기준변종基準變種이라 부른다.

예 : *Platycerium bifurcatum* (Cav.) C. Chr. ssp. *bifurcatum* var. *bifurcatum*

● 주요 분류계급

분류계급		학명의 어미	약칭
고차 ↓ 분류 계급 ↓ 저차	계(界)		
	문(門)	*– phyta*	
	강(綱)	*– opsida*	
	목(目)	*– ales*	
	과(科)	*– aceae*	
	속(屬)		
	종(種)		sp.
	아종(亞種)		subsp. 또는 ssp.
	변종(變種)		var.
	품종(品種)		form. 또는 f.

◀ 필로덴드론 스칸덴스
Philodendron scandens

| 학명

◀ 박쥐란
Platycerium bifurcatum

| 학명

■ 속명의 생략

같은 항목 내에서 같은 속명이 계속될 경우에는 뒤에 나오는 속명은 생략형으로 나타낼 수 있다. 단, 다른 속명이 사이에 들어가면 생략할 수 없다. 또, 생략할 수 있는 것은 속명뿐이며, 다른 것은 생략할 수 없다. 가령 '*Beginia manicata*와 *B. rex*'와 같이 동일한 속명이 계속되는 경우에는 뒤에 나오는 속명은 '*B.*'로 생략하여 표현한다. 이 경우에 명명자의 이름은 생략한다.

■ 속보다 고차의 학명

속屬보다 고차의 분류계급의 분류군에 대한 학명은 특정 어미語尾를 가지고 있다. 예를 들면, 과의 경우는 −*aceae* 라는 어미를 가지고 있다. 이들은 모두 명사로 취급하며, 대문자로 시작한다.

천남성과의 경우는 *Araceae*이다. 다만, 아래 표에서 나타낸 8개의 과만은 보류명保留名으로서 어미가 −*ae*를 가진 학명을 사용할 수 있다. 또, 과를 더 세분화하여 분류하는 아과亞科도 특정 어미−*oideae*를 가진다.

● 어미에 −ae를 가진 과명

과 명	어미에 −ae를 가진 보류명	정 명
십자화과	*Cruciferae*	*Brassicaceae*
벼과	*Gramineae*	*Poaceae*
물레나물과	*Guttiferae*	*Clusiaceae*
국화과	*Compositae*	*Astcraccac*
꿀풀과	*Labiatae*	*Lamiaceae*
산형과	*Uelliferae*	*Apiaceae*
콩과	*Leguminosae*	*Fabaceae*
야자나무과	*palmae*	*Arecaceae*

■ 정명, 이명

> • 정명(正名), correct name, セイメイ;
> • 이명(異名), synonym, イメイ

같은 분류군 내에서 유일한 바른 학명을 정명이라 하고, 그 이외에는 모두 이명이라 한다. 예를 들어, 1개의 종이 넓은 지역에 분포할 경우 몇 명의 연구자가 모르고 동일종에 대해 다른 학명을 붙이는 경우가 있다. 이때에는 선취권先取權, priority이라고 해서, 가장 먼저 발표된 학명이 정명이 되고, 다른 것은 이명이 된다. 또 분류군의 위치에 대한 견해가 다른 경우, 연구자는 이명으로 표시함으로써 그 식물의 분류학상의 견해를 나타낼 수 있다.

■ 보류명

> • 보류명(保留名), conserved name, ホリュウメイ

분류상의 견해로 인해 학명을 변경하는 일이 발생할 경우, 지금까지 사용해오던 익숙한 학명을 사용할 수 없는 것은 학명의 안정성 도모라는 차원에서 바람직한 일이 아니다. 이러한 관점에서 이미 정착·보급된 학명은 보류명으로 지정하여 사용할 수 있다.

과명에는 보류명이 많으며, −*ae* 어미를 가진 학명도 포함되어 있다. 속명은 약 1,100개 정도가 보류명이다. 종명에서는 토마토와 밀만 보류명으로 지정되어 있다.

[토마토]

정명 : *Lycopersicon lycopersicum* (L.) Karst.

보류명 : *Lycopersicon esculentum* Mill.

[밀]

정명 : *Triticum hybernum* L.

보류명 : *Triticum aestivum* L.

■ 기준표본

• 기준표본(基準標本), type specimen,
  キジュンヒョウホン

과科 이하의 분류계급의 학명에는 기준표본을 지정하도록 되어 있다. 기준표본은 겉보기에는 하나의 식물표본이지만 식물의 학명을 결정하는데 매우 중요한 것이다. 식물의 학명은 분류군에 포함된 식물의 총칭으로 주어지는 것은 아니다. 종에 대한 학명은 어느 한 점의 식물표본에 먼저 학명을 부여하고, 그 표본이 가지는 특징과 동일한 특징을 가지는 식물에 대해, 그 표본에 붙여진 학명으로 표현하는 방식을 취하고 있다. 따라서 새로 발견된 식물에 학명을 부여한다는 것은, 바꾸어 말하면 한 점의 식물표본에 학명을 부여하는 것이 된다. 명명상의 기준표본은 반드시 그 종을 대표하는 특징을 갖는 식물표본이 아닐 수도 있으며, 때로는 그 종 속의 특수한 개체가 기준표본으로 지정되기도 한다.

예를 들어, 꽃창포의 학명은 *Iris ensata* Thunb. var. *spontanea* (Makino) Nakai라고 표기한다. 관상용으로 재배되는 꽃창포는 이 꽃창포에서 개량된 원예품종이다. 그러나 꽃창포를 명명할 때 린네의 제자이자 스웨덴의 식물학자인 툰베리가 당시 어떤 원예품종에 대해 *Iris ensata*라는 학명을 주었기 때문에 후에 자생의 야생종에 대해서는 변종으로 학명을 주게 된 것이다.

*spontanea*는 '야생의'라는 의미이다. 따라서 원예품종인 꽃창포의 학명이 *Iris ensata*

Thunb.가 된 것이다. 이 학명은 야생종의 꽃창포가 원예품종의 꽃창포의 변종인 것으로 되어 있지만, 명명규약상 어쩔 수 없다.

◀ 꽃창포
Iris ensata var. *spontanea*

| 기준표본

■ 유효명, 나명

• 유효명(有效名), valid name, ユウコウメイ
• 나명(裸名), bare name, ラメイ

학명은 국제적인 규칙에 의해 성립된 것으로 그 규칙에 의하지 않는 이름은 학명으로 인정할 수 없다. 정식으로 인정된 학명을 유효명라 하며, 학명이 유효하기 위한 주요 조건은 다음과 같은 것이 있다.

• 라틴어로 그 식물의 특징이 기재되고 이미 알려진 분류군과 차이가 명확히 나타나는 것.
• 기준표본을 지정하고 있는 것.
• 종이나 속 등의 분류계급을 나타내고 있는 것. 또 표시한 분류계급에 따른 형태의 학명이 붙어 있는 것.
• 누구나 입수할 수 있는 식물학 관련 인쇄물에 공표한 것. 이것을 학명의 유효출판이라 한다.

이러한 조건을 충족하지 않은 것은 학명과 같은 이름이라도 명명규약에 따르지 않았으므로 나명이라 한다. 나명은 명명자의 이름을 표기하는 위치에 nomen nudum의 약어인 nom. nud.를 붙인다.

예 : *Paphiopedilum thailandense* Fow
　　lie, nom. nud.

나명은 때에 따라 Hortorum 원예의 또는
Hortulanorum 원예가의 약어인 hort.를 명명
자의 이름을 표기하는 위치에 쓰는 경우가
흔히 있다. hort. 뒤에 이어지는 것은 일반적
으로 그 식물이 발표된 카탈로그 등을 간행
한 종묘회사의 이름이 많다.

예 : *Dracaena thalioides* hort. Makoy ex E.
　　Morr.

이 경우는 Jacob - Makoy & Cie라는 종묘
업체의 카탈로그에 발표된 이름을 뒤에 벨
기에의 식물학자 모렌Charles Jacques Edouard
Morren에 의해 정식 명명된 것임을 나타내고
있다.

◀ 드라세나
　타리오이데스
*Dracaena
thalioides*

| 학명

◀ 파피오페딜룸
　타일란덴세
*Paphiopedilum
thailandense*

| 학명

03 학명의 표기법 (재배식물)

재배식물에 대한 명명법으로는 국제재배식
물명명규약이 있다. 물론 재배식물도 식물
이기 때문에 국제식물명명규약에 따라 학명
이 붙이지만, 재배식물에는 야생식물에는
해당하지 않는 사항이 포함되어 있으므로
별도로 준비된 것이다. 단, 종간 교잡종은
야생식물에게도 흔히 보이므로 국제식물명
명규약에도 규정되어 있다.

■ 교잡종

· 교잡종(交雜種), hybrid, コウザッシュ

유전적으로 다른 2개체의 교배를 교잡이라
하며, 그 결과로 생긴 자손을 잡종 또는 교
잡종이라 한다. 동일한 속 내의 다른 종과
종 간에 생긴 교잡종을 종간교잡종이라 한
다. 야생식물에서도 이러한 예가 많다. 이
경우를 자연교잡종이라고 하며, 인공적으로

육성된 경우에는 인공교잡종이라고 한다. 어떤 경우에도 종소명 앞에 '×' 기호를 붙여 나타낸다. 예를 들어, 관상용으로 널리 재배 되고 있는 왕벚나무는 *Prunus speciosa*와 *P. pendula* f. *ascendens* P.는 *Prunus*의 약자의 교배에 의해 생긴 것으로 메이지시대 초기에 에도현재의 도쿄 소메이손染井村라는 곳의 식목상회에서 붙인 것이다. 왕벚나무의 학명은 다음과 같이 표기한다.

Prunus × *yedoensis Matsumura*
속명　　기호　　종소명　　　명명자 이름

◀ 왕벚나무
　Prunus ×
　yedoensis

| 교잡종

정식으로 학명이 붙어있지 않은 경우는 교배부모의 학명을 사용하여 다음과 같이 표기할 수 있다.

Masdevallia aenigma × *M. angulate*

이 경우 부모의 학명은 알파벳순 또는 ♂ × ♀의 순으로 한다.

같은 과내의 다른 속간에서 생긴 교잡종을 속간교잡종이라고 한다. 이 경우에는 자연계에 없는 새로운 인공속이 생기므로, 새로운 속명을 명명하면서 그 속명의 앞에 ×기호를 붙여서 나타낸다. 난초과의 식물은 속간교잡종이 많기로 잘 알려져 있다. 예를 들

어, 브라사볼라속 *Brassavola*, 카틀레야속 *Cattleya*, 라엘리아속 *Laelia*, 소프로니테스속 *Sophronites* 4속의 교잡에 의해 생긴 인공속명은 포티나라*Potinara*라 하며, 다음과 같이 표현한다.

× *Potinara* hort.
기호　인공속명　　　나명　인 것을 표시한다.

이 인공속의 각각의 교잡종은 다음과 같이 나타낸다.

× *Potinara* Medea
기호　인공속명　교배종명

◀ 포티나라 메데아
　× *Potinara*
　Medea

| 교잡종

교배종명은 재배품종명과 다른 것으로 뒤에서 자세히 설명한다.

인공속명은

Brassavola × *Cattleya* × *Laelia* × *Sophronites*와 같이 학명식으로 표시할 수도 있다.

■ 접목잡종

- 접목잡종(接木雜種), graft hybrid, ツギキザッシュ

접목에 의해 생긴 잡종을 접목잡종이라 한다. 동일한 속내의 다른 종과 종 사이에 생

긴 잡종을 종간접목잡종이라 하며, 종소명 앞에 +기호를 붙여 표현한다.

예 : *Syringa + correlata*

같은 과내의 속간에 생긴 잡종을 속간 접목 잡종이라 하며, 자연계에 없는 새로운 인공 속이 생기므로 새로운 속명을 명명하고, 그 속명의 앞에 +기호를 붙여 표시한다.

예 : + *Laburnocytisus* C. K. Schneid.
　　기호　　　인공속명　　　　　명명자명

또, 학명식으로 표시할 수도 있다.

예 : *Laburnum + Cytisus*

■ 세포융합잡종

> • 세포융합잡종(細胞融合雜種), cell fusion hybrid, サイボウユウゴウザッシュ

세포융합에 의해 생긴 잡종을 세포융합잡종 이라 한다. 표현법은 교잡종, 접목잡종과 같 으며, 기호는 (×)를 사용한다. 예를 들면, 미국느릅나무 Ulmus americana와 참느릅나무 Ulmus parviflora의 세포융합잡종은 *Ulmus Americana* (×) *U. parviflora*가 된다.

■ 원예품종

> • 원예품종(園藝品種), cultivation species, エンゲイヒンシュ

자연계에서 야생식물은 다양한 꽃의 변색 등이 나타나지만, 그 하나하나의 개체에 대 해 따로 학명을 붙이지는 않는다. 그러나 원예계에서는 형태나 특성이 원예상 가치 가 있는 경우에 다른 것과 구별할 수 있는 이름이 필요하다. 이처럼 원예상 구별되는 개체군을 원예품종 또는 재배품종栽培品種이 라 한다.

원예학에서는 '원예상 의미있는 어떤 형태 나 특성이 다른 원예품종과 분명히 구별할 수 있고, 같은 조건 하에서 통상의 번식법에 의해 최소한 몇 대 삽목번식 등의 영양번식은 몇 회는 어떤 특정 유전자형으로서 그 형태와 특성 을 자손에게 전할 수 있는 재배식물의 개체 군'이라 정의한다. 이것은 야생식물에는 존 재하지 않는 것으로 영어로 cultivar로 표 현되며, 미국의 식물학자 베일리 L. H. Bailey 가 제안한 용어로 'cultivated variety'에 서 파생된 것이다.

원예품종은 야생식물에서 볼 수 있는 과, 속, 종, 아종, 변종, 품종처럼 고차에서 저차 에 걸친 계급이 없다.

따라서 야생식물에서 어떤 변종의 아종이라 는 것은 존재하지 않지만, 원예품종의 경우 에는 기본적으로는 어떤 분류계급의 원예품 종도 원칙적으로는 존재한다. 예를 들어, 시 클라멘 원예품종의 개량의 기본이 되는 시 클라멘 페르시쿰의 학명은 *Cyclamen pers icum*라고 표기하며, 그 원예품종 '바흐'는 다음과 같이 표기한다.

Cyclamen persicum 'Bach'
　　　종에 대한 학명　　　　' ' 속에 원예품종명

이 경우에는 명명자명은 생략한다.

◀ 시클라멘
*Cyclamen
persicum*

| 학명

◀ 시클라멘 '바흐'
*Cyclamen
persicum* 'Bach'

| 원예품종

지금까지 소속하는 분류계급의 학명 뒤에 원예품종cultivar의 약호인 cv.을 붙여서 재배품종명을 표기하는 것이 인정되었지만, 국제재배명명규약 제7판2004년부터는 인정받지 못하게 되었다. 아종과 변종, 품종의 원예품종도 마찬가지이다.

예 : *Philodendron scandens* ssp.
　　Oxycardium 'Lime'

교잡종의 경우도 마찬가지이다. 예를 들어, 크리스마스캑터스의 원예품종 '리타'의 경우 *Schlumbergera* × *buckleyi* 'Rita'로 표기한다.

속의 원예품종을 표기하는 방법도 동일하다. 아키네메스속의 원예품종 '탱고'는 다음과 같이 표기한다.

Achimenes 'Tango'

다음에 원예품종명에 관한 규칙 중에서 중요한 것을 열거한다. 이미 사용되고 있는 원예품종명을 이 규칙에 맞추어 변경할 필요는 없지만, 새로 명명하는 경우는 이에 따라야 한다.

- 원예품종명은 알파벳으로 표기하고, 첫자는 대문자로 시작하며, 로만체로 표기한다.
- 원예품종명은 너무 긴 단어나 여러 개의 단어를 사용하지 않고, 가능하면 짧은 1~2어를 사용하는 것이 바람직하다. 또 발음하기 어려운 것도 피하는 것이 좋다.
- 같은 속내에서는 비록 다른 종류라도 동일한 원예품종명을 사용해서는 안된다.
- 마찬가지로 같은 속내에서는 비록 다른 종류라도 혼동하기 쉬운 원예품종명을 사용해서는 안된다. 가령 'Helen'이라는 재배품종명이 있다면, 'Helena'라는 원예품종명은 사용하지 않는다.
- 'a'나 'the' 등의 관사는 원예품종명의 일부로서 분리될 수 없는 경우를 제외하고는 사용하지 않는다. 예를 들어, 'the Colonel'의 경우는 'Colonel'을 사용한다. 또, 국제재배식물명명규약에서는 원예품종명은 어떤 언어로 명명되어도 상관없다고 되어 있지만, 다른 외국어로 표기할 경우에는 발음하기 어려운 것도 있기 때문에 로마자로 표기하는 것이 일반적이다.

■ 그룹

- 그룹, group, グループ

국제재배명명규약 제7판부터 그룹이라는 개념이 적용되도록 되었다. 그룹이란 분명한 유사성이 있는 원예품종들을 정리한 것이다. 예를 들어, 사철베고니아*Begonia Semperflorens*는 다음과 같이 표기한다.

Begonia Semperflorens－cultorum Group

이 예에서 나타나는 Semperflorens - cult orum Group은 그룹형용어라고 한다. 원예품종명의 일부로 사용할 때에는 그룹형용어를 괄호로 묶어 원예품종명 앞에 둔다.

예 : *Begonia* (Semperflorens - cultorum Group) 'Bicolor'

■ 교배종명

> • 교배종명(交配種名), 그렉스명(grex名), grex, グレックス

교잡종은 식물학상 ×기호를 이용하며, 라틴어로 표기한다. 그러나 특별히 난초과 식물 등에서는 같은 교배친에서 기원하는 모든 개체를 그렉스grex, 군(群)이라는 뜻으로 취급하며, 라틴어가 아닌 현대어를 사용한다. 또첫 자는 대문자로 쓰고, 이탤릭체가 아닌 로만체로 표기한다. 이러한 그렉스라는 개념은 교잡종의 계통을 알아본다는 의미에서 매우 중요한 것이지만, 오래 전부터 교배가 이루어진 재배식물은 초기의 교잡 기록이 없기 때문에 이러한 개념이 정착되지 않았다. 다행히 난초과 식물의 경우에는 교잡의 역사가 비교적 최근이며, 1895년에는 영국의 샌더사가 교잡종의 등록 제도를 실시하였다. 1961년부터 영국왕립원예협회가 이 제도를 계승하여 〈샌더의 난 교잡종 목록 Sander's List of Orchid Hybrids〉이 차례로 출판되었다.

국제재배식물명명규약에서는 교배종명을 다음과 같이 표기하도록 권장하고 있다.

× *Brassolaeliocattleya* (George King g.)

여기서 g.는 그렉스grex의 약자이다. 그러나 이 방법은 상당히 번거로운 표현으로 명확하게 교배종명인 것을 알 수 있는 경우에는 괄호나 g.는 생략할 수도 있다. 생략하면 다음과 같이 표기할 수 있다.

× *Brassolaeliocattleya*   George King
   속명   그렉스의 형용어

■ 난초과 식물의 속명 생략

난초과 식물은 야생종만 2만~2만 5천종이 있다고 한다. 또, 개체 간 변이의 폭이 넓고, 많은 교잡종이 만들어지며, 가까운 속간에도 많은 속간교잡이 이루어지고 있다. 이 때문에 종류가 매우 많아서, 개체마다 정확한 이름을 기입한 라벨을 달아서 유통하지 않으면 이름에 큰 혼란이 일어날 수 있다. 특히 교잡종의 경우에 같은 교배종 내에서도 상당히 특징적인 형질이 아니면 개체차를 구별하는 것이 불가능하다.

따라서 판매할 때도 라벨을 붙이는 것이 일반적이고, 라벨이 없으면 가치가 거의 없어진다고 한다. 라벨에는 공간적인 한계가 있으므로, 난의 원예계에서는 속명에 한하여 독자적인 약호를 정해서 사용하는 것이 일반적이며, 이탤릭체로 표기한다. 이 약호는 모든 속명에 대해 지정되어 있는 것이 아니며, 속간교잡에 의해 만들어진 인공속은 기호 ×도 생략된다.

Blc.   George King   'Serendipity'
속명의 약호 그렉스의 형용어   개체명

또, 난초과 식물에서는 수상기록으로 상명의 약호과 심사회의 약호를 부기하기도 한다.

Blc. George King 'Serendipity' −AM/AOS
수상기록

AM/AOS는 미국 난협회AOS, America Orchid Society에서 제2석 기호 AM, 통상 80~89점으로 은상에 해당을 수상하였다는 것을 나타내고 있다.

■ 특수한 학명의 표기

야생식물이 속까지는 정해지고, 종의 계급이 아직 정해지지 않은 경우에는 종spicies의 약칭인 sp.를 속명 뒤에 붙인다. 예를 들어, 무화과나무*Ficus carica*나 인도고무나무*Ficus*

elastica 등을 포함한 무화과나무속*Ficus*인 것은 알고 있는 종의 경우는 *Ficus* sp.라고 표기한다. 또 그 속의 복수의 종을 나타내는 경우에는 종의 복수형 spicies, 이 경우 철자는 같다의 약칭인 spp.를 속명 뒤에 붙여 표시할 수 있다.

예 : *Ficus* spp.

원예품종이라는 것은 알아도 원예품종명을 모르는 경우는 원예품종cultivar의 약칭인 cv.만 표기한다. 가령 콜레우스*Coleus*의 원예품종이라는 것만 알고 있는 경우에는 *Coleus* × *hybridus* cv.가 된다. 또, 복수의 원예품종을 나타내고 싶은 경우에는 원예품종의 복수형cultivars의 약칭 cvs.로 표기한다.

예 : *Coleus* × *hybridus* cvs.

---

04 속명

■ 속명

• 속명(屬名), genus name, ゾクメイ

속屬이라는 분류계급은 우리에게 비교적 친밀한 그룹이다. 원예식물에서는 속에 대한 학명만을 표현하는 경우가 많다. 가령 프리물러는 앵초속*Primula* 중에서도 원예적으로 잘 이용되는 것을 총칭하여 부르는 이름이다. 또 종에 대한 학명도 속명과 종소명의 조합에 의해 이명법으로 나타내며, 속명을 이해하면 학명에 상당히 친밀감을 가질 수 있다.

속의 학명 중에서 인명, 지명, 현지명 등 고유명사에서 유래된 것은 가능하면, 그 나라의 발음에 가깝게 발음하는 것을 권장하고 있다. 그러나 원예상 속명이 흔하게 사용되기 때문에, 그 나라의 발음과 다르더라도 한번 정착된 발음은 수정하기가 어렵다. 예를 들어, *Abelia*를 아벨리아가 아니라 에이베리아로 발음되더라도, 이미 원예상 많이 사용되고 있는 경우에는 실제로 수정이 곤란하다.

■ 형태 등에서 유래하는 속명

속명 ㅣ 발음	속명 ㅣ 과명	유래	주요 종류
Aechmea 에크메아	에크메아속 파인애플과	그리스어 aichme(뾰족한 선단)에 기원을 두고 있으며, 꽃받침 의 끝이 뾰족한 것에서 유래.	에크메아 파시아타 (Aechmea fasciata)
Antirrhinum 안티르히눔	금어초속 현삼과	그리스어 anti(~와 같은)와 rhinos(코)의 합성어로 꽃의 형태에 서 유래.	금어초 (Antirrhinum majus)
Anthurium 안스리움	안스리움속 천남성과	그리스어 anthos(꽃)와 oura(꼬리)의 합성어로 꼬리모양의 육 수꽃차례에서 유래.	안스리움 안드레아눔 (Anthurium andreanum)
Aquilegia 아퀼레기아	아퀼레지아속 미나리아재비과	라틴어 aqua(물)와 lego(모으다)의 합성어로 중공(中空)의 꽃뿔 (距)에 모이는 분비물에 유래되었다는 설이 있다.	불가리스 매발톱꽃 (Aquilegia vulgaris)
Ardisia 아르디시아	자금우속 자금우과	그리스어 ardis(화살촉 또는 창끝)에 기원을 두며, 뾰족한 꽃밥 에서 유래된 이름.	백량금 (Ardisia crenata)
Asparagus 아스파라거스	비짜루속 백합과	그리스어의 강세어 a와 sparasso(찢다)의 합성어로 본속의 어떤 종의 잎에 변형된 날카로운 가시가 있는 것에서 유래된 이름.	아스파라거스 덴시플로루스 (Asparagus densiflorus)
Beloperone 벨로페로네	쥐꼬리망초속 쥐꼬리망초과	그리스어 belos(화살)와 perone(고리)의 합성어로 화살 모양의 약격(葯隔)에 유래된 이름.	새우풀 (Beloperone guttata)
Calathea 칼라테아	칼라테아속 마란타과	그리스어 kalathos(바구니)에 기원을 두며, 일설에는 어떤 종의 꽃차례의 형태에서 유래된 이름이라 함.	칼라테아 크로카타 (Calathea crocata)
Calceolaria 칼세올라리아	칼세올라리아속 현삼과	라틴어 calceolus(슬리퍼)에 기원을 두며, 꽃의 형태에서 유래된 이름.	칼세올라리아 헤르베오히브리다 (Calceolaria Herbeohybrida)
Campanula ※ 캄파눌라	캄파눌라속 초롱꽃과	라틴어 campana(종, 鐘)에 기원을 두며, 꽃부리의 형태에서 유래된 이름.	캄파눌라 메디움 (Campanula medium)
Canna 칸나	홍초속 홍초과	켈트어 cana(지팡이) 또는 그리스어 kanna(갈대)에 기원을 두며, 풀 모양에서 유래된 이름.	칸나 (Canna generalis)
Cardiospermum ※ 카르디오스페르뭄	풍선덩굴속 무환자나무과	그리스어 cardia(심장)와 sperma(종자)의 합성어로 종자에 심장 모양의 흰 무늬가 있는 것에서 유래된 이름.	풍선덩굴 (Cardiospermum halicacabum)
Clematis 클레마티스	으아리속 미나리아재비과	그리스어 klema(덩굴수염, 덩굴)에 기원을 두며, 길고 유연한 덩굴성 줄기에서 유래된 이름.	큰꽃으아리 (Clematis patens)
Clitoria 클리토리아	클리토리아속 콩과	라틴어 clitoris(음핵)에서 온 말로 꽃잎 중 2장이 용골변(龍骨弁) 형태를 나타내는 것에서 유래된 이름.	클리토리아 마리아나 (Clitoria mariana)
Coleus 콜레우스	콜레우스속 꿀풀과	그리스어 koleos(칼집)에서 온 말로 수술의 꽃실이 밑부분에서 통모양으로 합착된 것에서 유래된 이름.	콜레우스 (Coleus)
Cordyline 코르딜리네	코르딜리네속 용설란과	그리스어 kordyle(곤봉)에서 온 말로 다육질의 뿌리줄기를 가진 것에서 유래된 이름.	코르딜리네 테르미날리스 (Cordyline terminalis)
Crassula 크라술라	크라술라속 돌나물과	라틴어 crassus(두터운)의 지소어로 대부분의 종이 다육식물인 것에서 유래된 이름.	크라술라 오바타 (Crassula portulacea)
Cyclamen 시클라멘	시클라멘속 앵초과	그리스어 cyklos(원)에서 유래된 말로 구형의 괴경을 가진 것에 서 붙여진 이름.	시클라멘 (Cyclamen persicum)
Cymbidium 심비디움	보춘화속 난초과	그리스어 cymbe(배)와 eidos(형태)의 합성로 입술판의 형태가 배를 닮은 데서 유래된 이름.	보춘화 (Cymbidium goeringii)
Delphinium 델피니움	제비고깔속 미나리아재비과	그리스어 delphis(돌고래)에서 유래된 말로 꽃봉오리의 형태가 돌고래를 닮았다하여 붙여진 이름.	델피니움 (Delphinium × cultorum)

◀ **캄파눌라 메디움**
Campanula medium

속명은 꽃부리의 형태가 종 모양인 것에서 유래한다.

◀ **풍선덩굴**
Cardiospermum halicacabum

속명은 종자의 모양에서 유래한다.

■ 형태 등에서 유래하는 속명

속명 │ 발음	속명 │ 과명	유래	주요 종류
Digitalis 디기탈리스	디기탈리스속 현삼과	라틴어 digitus(손가락)에서 유래된 말로 관 모양의 꽃부리가 손가락을 닮아서 붙여진 이름.	디기탈리스 (*Digitalis purpurea*)
Enkianthus 엔키안투스	등대꽃나무속 진달래과	그리스어 enkyos(임신하다)와 anthos(꽃)의 합성어로 꽃의 형태가 팽팽한 것에서 유래된 이름.	단풍철쭉 (*Enkianthus perulatus*)
Epiphyllum ※ 에피필룸	에피필룸속 선인장과	그리스어 epi(~위의)와 phyllon(잎)의 합성어로 겉보기에는 꽃이 잎 위에 붙어있는 것처럼 보이는데서 유래된 이름.	월하미인 (*Epiphyllum oxypetalum*)
Eucalyptus 유칼립투스	유카리속 도금양과	그리스어 eu(좋은)와 calyptos(입은)의 합성어로 '좋게 입다'라는 뜻이며, 건조지가 녹색으로 뒤덮은 모습에서 유래된 이름.	은환엽유카리 (*Eucalyptus cinerea*)
Eustoma 에우스토마	에우스토마속 용담과	그리스어 eu(좋은)와 stoma(입, 口)의 합성어로 꽃의 형태에서 유래된 이름.	유스토마 그란디플로룸 (*Eustoma grandiflorum*)
Fritillaria 프리틸라리아	패모속 백합과	라틴어 fritillus(주사위 상자)에서 온 말로 통모양의 꽃모양에서 유래된 이름.	프리틸라리아 (*Fritillaria imperialis*)
Geranium 제라늄	쥐손이풀속 쥐손이풀과	그리스어 geranos(학, 鶴)에 기원을 두며, 열매의 모양이 학의 부리를 닮은 것에서 유래.	제라늄 상귀네움 (*Geranium sanguineum*)
Gladiolus 글라디올러스	글라디올러스속 붓꽃과	라틴어 gladius(작은 칼)에 기원을 두며, 칼 모양의 잎에서 유래된 이름.	글라디올러스 (*Gladiolus gandavensis*)
Habenaria 하베나리아	해오라비난초속 난초과	라틴어 habena(가죽끈, 고삐)에 기원을 두며, 가늘고 길게 갈라진 꽃부리와 입술판의 형태에서 유래된 이름.	해오라비난초 (*Habenaria radiata*)
Hepatica 헤파티카	노루귀속 미나리아재비과	라틴어 hepar(간장, 肝臟)에서 온 말로 잎의 형태와 색채에서 유래된 이름.	노루귀 (*Hepatica asiatica*)
Hydrangea 히드란게아	수국속 범의귀과	그리스어 hydor(물)와 angos(그릇)의 합성어로 습기가 있는 물가를 좋아하고, 열매의 모양이 그릇을 닮은 것에서 유래된 이름.	수국 (*Hydrangea macrophylla*)
Monstera ※ 몬스테라	몬스테라속 천남성과	라틴어 monstrum(괴물)에서 온 말로 잎의 형태에서 유래된 이름.	몬스테라 (*Monstera deliciosa*)
Nephrolepis 네프로레피스	줄고사리속 넉줄고사리과	그리스어 nephros(신장, 腎臟)과 lepis(인편, 鱗片)의 합성어로 인편이 콩팥 모양인 것에서 유래된 이름.	보스톤고사리 (*Nephrolepis exaltata*)
Oncidium 온시디움	온시디움속 난초과	그리스어 ogkos(혹)에 기원을 두며, 입술판의 밑부분이 혹처럼 융기한 것에서 유래된 이름.	온시디움 파필리오 (*Oncidium papilio*)
Pelargonium 펠라르고늄	제라늄속 쥐손이풀과	그리스어 pelargos(황새)에 기원을 두며, 열매가 황새의 부리를 닮은 것에서 유래된 이름.	펠라르고늄 도메스티쿰 (*Pelargonium × domesticum*)
Pentas 펜타스	펜타스속 꼭두서니과	그리스어 pente(5)에 기원을 두며, 꽃의 각 부분이 통상 5개로 구성된 5수성(數性)인 것에서 유래된 이름.	펜타스 란체올라타 (*Pentas lanceolata*)
Physalis 피살리스	꽈리속 가지과	그리스어 physa(수포, 水泡)에 기원을 두며, 부풀어 오른 꽃받침의 모양에서 유래된 이름.	꽈리 (*Physalis alkekengi* var. *franchetii*)
Pittosporum 피토스포럼	돈나무속 돈나무과	그리스어 pitta(점액)와 spora(종자)의 합성어로 종자가 까맣고 윤기가 나며 점착성이 있는 것에서 유래된 이름.	돈나무 (*Pittosporum tobira*)
Platycodon 프라티코돈	도라지속 초롱꽃과	그리스어 platys(넓은)와 codon(종)의 합성어로 꽃부리의 모양에서 유래된 이름.	도라지 (*Platycodon grandiflorum*)
Pyracantha 피라칸타	피라칸다속 장미과	그리스어 pyro(불꽃)와 acantha(가시)의 합성어로 가지에 가시가 있고, 열매가 붉은 색인 것에서 유래된 이름.	피라칸다 (*Pyracantha angustifolia*)

◀ 월하미인
Epiphyllum oxypetalum
속명은 꽃이 잎 위에 붙은 것처럼 보이는데서 유래한다.

◀ 몬스테라
Monstera deliciosa
속명은 라틴어 '괴물'에서 온 말로 잎의 형태에서 유래한다.

■ 형태 등에서 유래하는 속명

속명 ｜ 발음	속명 ｜ 과명	유래	주요 종류
Rhapis 라피스	종려죽속 야자나무과	그리스어 rhapis(바늘)에 기원을 두며, 잎끝이 뾰족한 바늘 모양인 것에서 유래된 이름.	관음죽 (*Rhapis excelsa*)
Schizanthus 스키잔투스	호접초속 가지과	그리스어 schizo(갈라지다)와 anthos(꽃)의 합성어로 꽃부리가 깊게 갈라진 것에서 유래된 이름.	스키잔투스 (*Schizanthus pinnatus*)
Sophronitis 소프로니티스	소프로니티스속 난초과	그리스어 sophron(깊숙한)에 기원을 두며, 꽃밥이 자웅예합체의 날개조각에 숨어 있는 것에서 유래된 이름.	소프로니티스 코키네아 (*Sophronitis coccinea*)
Spathiphyllum 스파티필룸	스파티필룸속 천남성과	그리스어 spathe(불염포)와 phyllon(잎)의 합성어로 잎 모양이 불염포인 것에서 유래된 이름.	스파티필룸 파티니 (*Spathiphyllum patinii*)
Streptocarpus 스트렙토카르푸스	스트렙토카르푸스속 제스네리아과	그리스어 streptos(뒤틀린)와 karpos(열매)의 합성어로 긴 삭과가 나선형으로 꼬인 것에서 유래된 이름.	스트렙토카르푸스 삭소룸 (*Streptocarpus saxorum*)
Syngonium 싱고니움	싱고니움속 천남성과	그리스어 syn(결합한)과 gone(자궁)의 합성어로 씨방이 합착된 것에서 유래된 이름.	싱고니움 (*Syngonium podophyllum*)
Tropaeolum ※ 트로패올룸	한련속 한련과	그리스어 tropaeon 또는 라틴어 tropaenwn(트로피)에서 유래된 말로 방패 모양의 잎과 투구를 닮은 꽃의 형태에서 붙여진 이름.	한련 (*Tropaeolum majus*)
Tricyrtis 트리시르티스	뻐꾹나리속 백합과	그리스어 treis(3)와 cyrtos(굽은)의 합성어로 3장의 외꽃덮이조각의 밑부분이 주머니 모양의 작은 꽃뿔을 만드는 것에서 유래된 이름.	히르타 뻐꾹나리 (*Tricyrtis hirta*)
Tulipa 튤리파	산자고속 백합과	페르시아어의 고어로 터번을 나타내는 말 tulipan에서 유래된 말로 꽃이 터번과 유사하여 붙여진 이름.	튤립 게스네리아 (*Tulipa gesneriana*)
Crinum 크리눔	문주란속 수선화과	그리스어 crinon(백합)에서 유래된 말로 꽃 모양이 백합과 비슷하여 붙여진 이름.	문주란 (*Crinum asiaticum var. japonicum*)
Cytisus 키티수스	양골담초속 콩과	콩과 식물의 어떤 종에 붙여진 고대 그리스명 cytisos에 기원을 두며 꽃모양이 비슷한 것에서 유래된 이름.	양골담초 (*Cytisus scoparius*)
Leontopodium 레온토포디움	솜다리속 국화과	그리스어 leon(사자)와 pous(발)의 합성어로 흰털로 덮인 머리모양꽃차례를 사자의 발로 보고 붙인 이름.	에델바이스 (*Leontopodium alpinum*)
Meconopsis ※ 메코놉시스	메코놉시스속 양귀비과	그리스어 mekon(양귀비)와 opsis(비슷한)의 합성어로 양귀비속과 비슷한 것에서 유래된 이름.	히말라야 푸른양귀비 (*Meconopsis betonicifolia*)
Peperomia 페페로미아	페페로미아속 후추과	그리스어 peperi(후추)와 homoios(비슷한)의 합성어로 후추속(Piper)에 가깝고 비슷한 것에 유래된 이름.	페페로미아 카페라타 (*Peperomia caperata*)
Phalaenopsis 팔레놉시스	팔레놉시스속 난초과	그리스어 phalaina(나방)에 기원을 두며, 기준종 팔렙놉시스 아마빌리스(P. amabilis)의 꽃이 어떤 종의 열대산의 나방과 비슷한 것에서 유래된 이름.	팔레놉시스 아마빌리스 (*Phalaenopsis amabilis*)
Platycerium 플라티케리움	박쥐란속 고란초과	그리스어 platys(넓은)와 ceras(뿔)의 합성어로 잎의 모양이 큰 사슴의 뿔을 연상시킨다고 하여 붙여진 이름.	박쥐란 (*Platycerium bifurcatum*)
Tigridia 티그리디아	티그리디아속 붓꽃과	라틴어 tigris(호랑이)에서 유래하며 꽃에 호랑이의 얼룩무늬가 있는 것에서 붙여진 이름.	티그리디아 파보니아 (*Tigridia pavonia*)
Zebrina 제브리나	제브리나속 닭의장풀과	암하라어 또는 포르투갈어 zebra(얼룩말)를 라틴어화한 것 또는 라틴어 zebrinus(줄무늬가 있는)에서 유래하며 잎에 줄무늬 모양이 있어서 붙여진 이름.	얼룩자주달개비 (*Zebrina pendula*)

◀ **한련**
Tropaeolum majus

속명은 방패 모양의 잎과 투구를 닮은 꽃에서 유래한다.

◀ **히말라야푸른 양귀비**
Meconopsis betonicifolia

속명은 양귀비속과 비슷한 것에서 유래한다.

■ 색채에서 유래하는 속명

속명｜발음	속명｜과명	유래	주요 종류
Aeschynanthus ※ 에스키난투스	에스키난투스속 제스네리아과	그리스어 aisehune(부끄러워하다)와 anthos(꽃)의 합성어로 꽃이 붉은 것에서 유래된 이름.	에스키난투스 스페치오수스 (*Aeschynanthus speciosus*)
Chloranthus 클로란투스	홀아비꽃대속 홀아비꽃대과	그리스어 ehloros(녹색의)과 anthos(꽃)의 합성어로 본속의 어떤 꽃의 색에서 유래된 이름.	죽절초 (*Chloranthus glaber*)
Chlorophytum 클로로피툼	접란속 백합과	그리스어 ehloros(녹색의)과 phyton(식물)의 합성어로 녹색 잎이 군생한 것에서 유래된 이름.	접란 (*Chlorophytum comosum*)
Chrysalidocarpus 크리살리도카르푸스	크리살리도카르푸스속 야자나무과	그리스어 ehrysallis 또는 ehrysallidos(황금의)와 karpos(열매)의 합성어로 본속의 어떤 열매가 황금색인 것에서 유래된 이름.	아레카야자 (*Chrysalidocarpus lutescens*)
Helichrysum ※ 헬리크리섬	헬리크리섬속 국화과	그리스어 helios(태양)와 ehrysos(금색)의 합성어로 본속의 어떤 꽃의 색에서 유래된 이름.	헬리크리섬 브락테아툼 (*Helichrysum bracteatum*)
Pharbitis ※ 파르비티스	나팔꽃속 메꽃과	그리스어 pharbe(색)에서 유래된 것으로 나팔꽃이 선명한 색채를 가지고 있는 것에서 붙여진 이름.	나팔꽃 (*Pharbitis nil*)
Rhododendron ※ 로도덴드론	진달래속 진달래과	그리스어 rhodon(장미 또는 붉은색)과 dendron(나무)의 합성어로 붉은 꽃이 피는 것에서 유래된 이름.	아보레움만병초 (*Rhododendron arboreum*)
Rosa 로사	장미속 장미과	장미의 고대 라틴명에 의한 것으로, 그 어원은 켈트어 rhodd(붉은색)에서 그리스어 rhodon(장미)가 되었다가 라틴어 rosa가 된 것.	장미 (*Rosa* spp.)
Senecio 세네치오	금방망이속 국화과	라틴어 senex(노인)에서 유래된 말로 열매에 흰색 또는 회백색 관모(冠毛)가 있는 것에서 유래된 이름.	시네라리아 (*Senecio cruentus*)

◀ 에스키난투스
스페치오숨
Aeschynanthus speciosus

속명은 꽃이 붉은 것에서 유래한다.

◀ 헬리크리섬
브락테아툼
Helichrysum bracteatum

속명은 노란 꽃색에서 유래한다.

◀ 나팔꽃
Pharbitis nil

속명은 그리스어 색에 기원을 두며, 선명한 꽃색에서 유래한다.

◀ 아보레움 만병초
Rhododendron arboreum

속명은 붉은 꽃색에서 유래한다.

■ 생육지 등에서 유래하는 속명

속명 / 발음	속명 / 과명	유래	주요 종류
Convallaria ※ 콘발라리아	은방울꽃속 백합과	라틴어 convallis(계곡)과 그리스어 leirion(백합)의 합성어로 골짜기에 피는 백합이라는 뜻의 이름.	은방울꽃 (*Convallaria keiskei*)
Dendrobium ※ 덴드로비움	석곡속 난초과	그리스어 dendron(나무)와 bios(생활, 생명)의 합성어로 수목에 착생하여 사는 것에서 유래된 이름.	덴드로비움 노빌레 (*Dendrobium nobile*)
Epipremnum 에피프렘눔	에피프렘눔속 천남성과	그리스어 epi(~위에)와 premon(줄기)의 합성어로 본속의 식물이 다른 식물의 줄기를 타고 올라가는 것에서 유래된 이름.	에피프렘눔 아우레움 (*Epipremnum aureum*)
Gypsophila ※ 집소필라	대나물속 석죽과	그리스어 gypsos(석회)와 philos(사랑하는)의 합성어로 본속의 일부 종이 석회질의 바위 위에 나는 것에서 유래된 이름.	안개초 (*Gypsophila elegans*)
Limonium ※ 리모니움	갯질경이속 갯질경이과	그리스어 leimon(초원)에서 온 말로 본속의 몇몇 종이 조수가 있는 습지나 해안에 자생하는 것에서 유래된 이름.	리모니움 시누아툼 (*Limonium sinuatum*)
Philodendron 필로덴드론	필로덴드론속 천남성과	그리스어 phileo(사랑하는)과 dendron(나무)의 합성어로 본속의 많은 종이 다른 나무를 타고 올라가는 것에서 유래된 이름.	필로덴드론 비핀나티피둠 (*Philodendron bipinnatifidum*)
Ranunculus ※ 라눈쿨루스	미나리아재비속 미나리아재비과	라틴어 rana(개구리)에서 유래된 말로 본속의 식물이 개구리가 많은 습지에 주로 살기 때문에 붙여진 이름.	라눈쿨루스 아시아티쿠스 (*Ranunculus asiaticus*)
Rosmarinus ※ 로스마리누스	로즈마리속 꿀풀과	라틴어 rod(이슬)와 marinus(바다의)의 합성어로 남유럽의 해안 근처에 자생하는 것에서 유래된 이름.	로즈마리 (*Rosmarinus officinalis*)

◀ **은방울꽃**
Convallaria keiskei

속명은 라틴어 계곡과 그리스어 백합의 합성어로 골짜기에 피는 백합이라는 뜻의 이름.

◀ **덴드로비움 노빌레**
Dendrobium nobile

속명은 그리스어 나무와 생활의 합성어로 수목에 착생하여 사는 것에서 유래된 이름.

◀ **안개초**
Gypsophila elegans

속명은 그리스어 석회와 사랑하는의 합성어로 석회질의 바위 위에 나는 것에서 유래된 이름.

◀ **리모니움 시누아툼**
Limonium sinuatum

속명은 그리스어 '초원'에서 온 말로 습지나 해안에 자생하는 것에서 유래된 이름.

◀ **라눈쿨루스 아시아티쿠스**
Ranunculus asiaticus

속명은 개구리에서 유래된 말로 본속의 식물이 개구리가 많은 습지에 주로 살기 때문에 붙여진 이름.

◀ **로즈마리**
Rosmarinus officinalis

속명은 라틴어 '이슬'과 '바다의'의 합성어로 남유럽의 해안 근처에 자생하는 것에서 유래된 이름.

■ 인명에서 유래하는 속명

속명｜발음	속명｜과명	유래	주요 종류
Abelia 아벨리아	댕강나무속 인동과	영국의 의학자로서 중국에 근무한 클라크 에이벨(Clarke Abel, 1780~1826)을 기념한 것.	꽃댕강나무 (*Abelia mosanensis*)
Banksia 방크시아	방크시아속 프로테아과	영국의 왕립협회 회장으로 캡틴 쿡(Captain Cook)의 항해에 동행한 뱅크스경(Sir Joseph Banks, 1743~1820)을 기념한 것.	방크시아 코키네아 (*Banksia coccinea*)
Begonia 베고니아	베고니아속 베고니아과	산도밍고의 총독 미셀 베곤(Michel Begon, 1638~1710)을 기념한 것.	사철베고니아 (*Begonia semperflorens*)
Bougainvillea 부겐빌레아	보우가인빌레아속 분꽃과	프랑스의 탐험가이자 과학자인 부갱빌(Lois Antoine de Bougainville, 1729~1811)을 기념한 것.	부티아나 부겐빌레아 (*Bougainvillea × buttiana*)
Camellia 카멜리아	동백나무속 차나무과	체코슬로바키아의 예수회선교사로 필리핀제도에서 동식물을 연구한 카멜(Georg Josef Kamell, 1661~1706)을 기념한 것.	동백나무 (*Camellia japonica*)
Cattleya 카틀레야	카틀레야속 난초과	영국에서 최초로 본속의 개화에 성공한 카틀레이(William Cattley, ?~1832)를 기념한 것.	카틀레야 라비아타 (*Cattleya labiata*)
Clivia ※ 클리비아	군자란속 수선화과	영국 클라이브가 출신의 노섬벌랜드공작 부인(Lady Charlotte Florentina Clive, ?~1868)을 기념한 것.	군자란 (*Clivia miniata*)
Columnea 콜룸네아	콜럼네아속 제스네리아과	최초로 동판에 의한 삽화가 들어가는 식물서를 간행한 이탈리아의 식물학자 콜론나(Fabio Colonna, 1567~1640)를 기념한 것.	코룸네아 글로리오사 (*Columnea gloriosa*)
Dahlia 달리아	다알리아속 국화과	스웨덴의 식물분류학자 린네의 오랜 친구이었던 다알(Anders Dahl, 1751~1789)을 기념한 것.	다알리아 (*Dahlia pinnata*)
Dieffenbachia 디펜바키아	디펜바키아속 천남성과	독일의 식물학자 디펜바흐(J.F. Dieffenbach, 1790~1863)를 기념한 것.	디펜바키아 마쿨라타 (*Dieffenbachia maculata*)
Euphorbia 유포르비아	대극속 대극과	아프리카 서북부의 고대 왕국 모리타니아(Mauretania)의 왕 유바(Juba)의 시의(侍醫)였던 유포르보스(Euphorbus)를 기념한 것.	포인세티아 (*Euphorbia pulcherrima*)
Forsythia 포르시시아	개나리속 물푸레나무과	영국의 원예가 포사이스(William Forsyth, 1737~1804)를 기념한 것.	개나리 (*Forsythia koreana*)
Freesia 프리지아	프리지아속 붓꽃과	본 속을 명명한 에크론의 친구였던 독일의사 프레제(Friedrich Heinrich Theodor Freese ?~1876)를 기념한 것.	프리지아 (*Freesia refracta*)
Fuchsia 후크시아	후크시아속 바늘꽃과	'독일의 식물학자 3명의 아버지' 중 한 명인 의사이자 본초학자인 푹스(Leonhart Fuchs, 1501~1566)를 기념한 것.	후크시아 (*Freesia hybrida*)
Gardenia 가르데니아	치자나무속 꼭두서니과	미국의 의사이자 식물학자인 가든(Alexander Garden, 1730~1791)을 기념한 것.	치자나무 (*Gardenia jasminoides*)
Gazania 가자니아	태양국속 국화과	그리스 테오프라스토스와 아리스토텔레스의 저작을 라틴어로 번역한 테오도루스 가자(Theodorus Gaza, 1398~1478)를 기념한 것.	태양국 (*Gazania rigens*)
Gentiana 겐티아나	용담속 용담과	용담속 식물의 약효를 발견한 플리니(Pliny)가 붙인 이름으로 일리리아(Illyria)의 국왕 겐티우스(Gentius)의 이름을 차용한 것.	용담 (*Gentiana scabra*)
Gerbera 게르베라	거버라속 국화과	독일의 의사이자 자연과학자였던 게르버(Traugott Gerber, ?~1743)를 기념한 것.	거베라 (*Gerbera jamesonii*)
Guzmania 구즈마니아	구즈마니아속 파인애플과	18세기 스페인의 자연과학자였던 구즈만(Anastasio Guzman)을 기념한 것.	구즈마니아 링굴라타 (*Guzmania lingulata*)
Hosta 호스타	비비추속 백합과	오스트리아의 의사이자 자연과학자였던 호스트(Nicholaus Tomas Host, 1761~1834)를 기념한 것.	비비추 (*Hosta longipes*)

◀ 노섬벌랜드공작 부인
Duchess of Northumberland ?~1868

◀ 군자란
Clivia miniata
속명은 노섬벌랜드공작 부인을 기념한 것.

■ 인명에서 유래하는 속명

속명 | 발음	속명 | 과명	유래	주요 종류
Hoya 호야	호야속 박주가리과	18세기 영국의 노섬벌랜드 공작의 정원사 호이(Thomas Hoy, 1750경~1809)를 기념한 것.	호야 (Hoya carnosa)
Kalmia 칼미아	칼미아속 진달래과	스웨덴의 식물학자이자 북아메리카 식물을 채집한 페르캄(Pehr Kalm, 1715~1779)을 기념한 것.	칼미아 라티폴리아 (Kalmia latifolia)
Lagerstroemia 라게르스트로에미아	배롱나무속 부처꽃과	본속의 명명자이자 린네의 친구였던 스웨덴의 생물학자 라제르스트로움(Magnus von Lagerstroem, 1691~1759)을 기념한 것.	배롱나무 (Lagerstroemia indica)
Lobelia 로베리아	숫잔대속 초롱꽃과	플랑드르의 식물학자로 영국의 제임스 I세의 시의였던 로벨(Mathias de l´Obel, 1538~1616)을 기념한 것.	붉은숫잔대 (Lobelia cardinalis)
Lonicera 로니케라	인동속 인동과	독일의 식물학자 로니처(Adam Lonitzer, 1528~1586)를 기념한 것.	인동덩굴 (Lonicera japonica)
Lycoris 리코리스	상사화속 수선화과	고대로마의 정치학자 안토니우스(Mark Antony)의 아내이름을 기념한 것.	석산 (Lycoris radiata)
Magnolia 마그놀리아	목련속 목련과	프랑스 식물학자로 몽펠리에식물원 원장이었던 마그놀(Pierre Magnol, 1638~1715)을 기념한 것.	백목련 (Magnolia denudata)
Maranta 마란타	마란타속 마란타과	1559년경 활약한 베네치아의 식물학자 마란티(Bartolommeo Maranti)를 기념한 것.	마란타 (Maranta arundinacea)
Matthiola 마티올라	마티올라속 십자화과	이탈리아의 의사이자 식물학자인 마티올리(Pier Andrea Mattioli, 1500~1577)를 기념한 것.	마티올라 잉카나 (Matthiola incana)
Miltonia 밀토니아	밀토니아속 난초과	영국의 원예후원자로 난재배가였던 밀턴자작(후에 피츠윌리엄)(Viscount Milton, C. Fitzwilliam, 1786~1857)을 기념한 것.	밀토니아 스펙타빌리스 (Miltonia spectabilis)
Musa 무사	파초속 파초과	초대 로마황제인 아우그스투스(Octavius Augustus)의 시의였던 무사(Antonius Musa, 기원전64~기원전14)를 기념한 것.	파초 (Musa basjoo)
Nicotiana 니코티아나	담배속 가지과	프랑스에 담배를 도입한 포르투갈 주재 영사 니코(Jean Nicot, I530경~1600)를 기념한 것.	꽃담배 (Nicotiana × sanderae)
Plumeria 플루메리아	플루메리아속 협죽도과	프랑스인 수도사이자 식물학자인 플루미에(Charles Plumier, 1646~1704)를 기념한 것.	플루메리아 루브라 (Plumeria rubra)
Saintpaulia ※ 세인트파울리아	세인트파울리아속 제스네리아과	본속의 최초 발견자인 독일인 세인트 · 폴 일레르 남작(Baron Walter von Saint Paul~Illaire, 1860~1910)을 기념한 것.	아프리카제비꽃 (Saintpaulia ionantha)
Schefflera 쉐플레라	쉐플레라속 두릅나무과	19세기 독일 식물학자 쉐플러(J.C.Scheffler)를 기념한 것.	홍콩야자 (Schefflera arboricola 'Hong kong')
Schlumbergera 스클룸베르게라	스클룸베르게라속 선인장과	벨기에의 원예가이자 식물채집가인 슐룸베르거(F.Schlumberger, 1804~1865)를 기념한 것.	게발선인장 (Schlumbergera truncata)
Strelitzia 스트렐리치아	스트렐리치아속 파초과	영국 조지3세의 왕비가 된 메클렌부르크 · 슈트렐리츠가의 샤를로트(Charlotte of Mecklenburg~Strelitz)를 기념한 것.	극락조화 (Strelitzia reginae)
Thunbergia 툰베르기아	툰베르지아속 쥐꼬리망초과	스웨덴 식물학교수로 일본에도 체류하였으며, 〈Flora Japonica〉를 저술한 툰베리(C.P.Thunberg)를 기념한 것.	아프리카나팔꽃 (Thunbergia alata)
Tillandsia 틸란드시아	틸란드시아속 파인애플과	스웨덴의 식물학자이자 의학교수인 틸란즈(Elias Tillandz, 1640~1693)를 기념한 것.	틸란드시아 키아네아 (Tillandsia cyanea)
Tradescantia 트라데스칸티아	자주닭개비속 닭의장풀과	영국 찰스1세의 정원사 트레이즈캔트 (John Tradescant, ?~1638)를 기념한 것.	흰줄무늬닭개비 (Tradescantia albiflora)

◀ 세인트 · 폴 일레르 남작

Walter von Saint Paul-Illaire 1860~1910

◀ 아프리카제비꽃
Saintpaulia ionantha

속명은 세인트 폴 일레르 남작을 기념한 것.

■ 속명의 합성어에서 유래하는 속명

속명 │ 발음	속명 │ 과명	유래	주요 종류
× *Brassolaeliocattleya* 브라소렐리오카틀레야	난초과	교배친인 브라사볼라속(*Brassavola*), 카틀레야속(*Cattleya*), 라엘리아속(*Laelia*)의 속명의 합성어.	브라소렐리오카틀레야 (*Brassolaeliocattleya* Alma Kee 'Tip Malee')
× *Fatshedera* 파츠헤데라	두릅나무과	교배친인 팔손이속(*Fatsia*)과 송악속(*Hedera*)의 속명의 합성어.	리제이 오손이 (*Fatshedera lizei*)
+ *Laburnocytisus* 라부르노키티수스	콩과	금사슬나무속(*Laburnum*)과 양골담초속(*Cytisus*)의 속명의 합성어. 속간 접목잡종.	라부르노키티수스 (*Laburnum adamii*)
× *Laeliocattleya* 라엘리오카틀레야	난초과	교배친인 라엘리아속(*Laelia*)과 카틀레야속(*Cattleya*)의 속명의 합성어.	라엘리오카틀레야 (*Laeliocattleya* Cuiseag 'Manka-En')
× *Sophrolaeliocattleya* 소프로라엘리오카틀레야	난초과	교배친인 카틀레야속(*Cattleya*), 라엘리아속(*Laelia*), 소프로니티스속(*Sophronitis*)의 속명의 합성어.	소프로라엘리오카틀레야 (*Sophronitis Amaliro* 'Dolly')

■ 지명에서 유래하는 속명

속명 │ 발음	속명 │ 과명	유래	주요 종류
Adenium ※ 아데니움	아데니움속 협죽도과	본속의 자생지 중 하나인 아덴(Aden)에서 유래된 이름.	사막장미 (*Adenium obesum*)
Colchicum ※ 콜치쿰	콜치쿰속 백합과	흑해에 인접한 아르메니아의 고도 콜키스(Colchis)에서 유래된 이름.	콜치쿰 (*Colchicum autumnale*)
Howea ※ 호웨이아	호웨이속 야자나무과	본속의 원산지인 호주동부 로드 하우섬(Lord Howe Island)에서 유래된 이름.	켄차야자 (*Howea forsteriana*)
Sansevieria ※ 산세비에리아	산세베리아속 용설란과	18세기 이탈리아 산세비에로(Sanserviero)의 왕자 산그로(R. de Sangro)를 기념한 것.	산세비에리아 (*Sansevieria trifasciata*)

◀ **사막장미**
Adenium obesum

속명은 흑해에 인접한 아르메니아의 고도 콜키스에서 유래된 이름.

◀ **콜치쿰**
Colchicum autumnale

속명은 본속의 자생지 중 하나인 아덴에서 유래된 이름.

◀ **켄차야자**
Howea forsteriana

속명은 본속의 원산지인 호주동부 로드 하우섬에서 유래된 이름.

◀ **산세비에리아**
Sansevieria trifasciata

속명은 이탈리아 산세비에로의 왕자 산그로를 기념한 것.

■ 옛 이름 등에서 유래하는 속명

속명 | 발음	속명 | 과명	유래	주요 종류
Acer 아케르	단풍나무속 단풍나무과	캄페스트레단풍나무(A. campestre)의 라틴명으로 잎이 갈라진 다는 의미가 있다. 단풍나무의 갈라진 잎 모양에서 유래된 이름.	단풍나무 (Acer palmatum)
Akebia 아케비아	으름덩굴속 으름덩굴과	으름덩굴의 일본명인 아케비(アケビ)에서 유래된 이름.	으름덩굴 (Akebia quinata)
Aucuba 아우쿠바	식나무속 층층나무과	본속에 속하는 식물의 일본 옛이름 아오키바(靑木葉)에서 유래된 이름.	식나무 (Aucuba japonica)
Berberis 베르베리스	매자나무속 매자나무과	열매에 대한 아라비아명 berberys에서 유래된 이름. 또는 잎의 형태가 조개껍데기(berberi)를 닮은 것에서 유래된 이름.	매자나무 (Berberis koreana)
Cornus 코르누스	층층나무속 층층나무과	라틴어 cornu(뿔)에서 온 말로 목질이 견고하다는 의미에서 붙여진 이름.	꽃산딸나무 (Cornus florida)
Erica 에리카	에리카속 진달래과	에리카의 영어명 히스(heath)를 뜻하는 라틴명 erice 또는 그리스명 ereike에서 유래된 이름.	에리카 그라칠리스 (Erica gracilis)
Fatsia 파트시아	팔손이속 두릅나무과	이 식물의 일본명 야쯔데(八手, ヤツデ)의 '8'에 대한 일본발음에서 유래된 이름.	팔손이 (Fatsia japonica)
Ficus 피쿠스	무화과나무속 뽕나무과	무화과나무(F. carica)에 대한 라틴어 고명에서 유래된 이름.	인도고무나무 (Ficus elastica)
Ginkgo 긴쿄	은행나무속 은행나무과	은행(銀杏)에 대한 일본명 긴난(ギンナン)의 발음을 식물학자 캠퍼(Kaempfer)가 잘못 읽어 붙임으로써 붙여진 이름.	은행나무 (Ginkgo biloba)
Hedera 헤데라	송악속 두릅나무과	유럽아이비 종류의 고대 라틴명에서 유래된 이름.	헤데라 헬릭스 (Hedera helix)
Jasminum 야스미눔	영춘화속 물푸레나무과	말리화(J. sambac)의 아라비아명 또는 페르시아명인 yasmin 또는 yasaman에서 유래된 이름.	학자스민 (Jasminum polyanthum)
Kalanchoe 칼랑코에	칼랑코에속 돌나물과	본속의 어떤 종에 대한 중국명에서 유래된 이름.	마다가스카르바위솔 (Kalanchoe tomentosa)
Lilium 릴리움	백합속 백합과	마돈나·나리(L. candidum)에 붙여진 그리스명 leirion과 같은 의미를 가진 라틴어 고명 lilium에서 유래된 이름.	백합 (Lilium longiflorum)
Malus 말루스	사과나무속 장미과	사과에 대한 그리스명 melon에서 유래된 이름.	꽃사과 (Malus prunifolia)
Nandina 난디나	남천속 매자나무과	남천의 일본발음 난텐(ナンテン, 南天)에서 유래된 이름.	남천 (Nandina domestica)
Nelumbo 넬룸보	연속 수련과	연꽃에 대한 스리랑카 신할라족(Sinhalese)의 이름에서 유래.	연꽃 (Nelumbo nucifera)
Nerium※ 네리움	협죽도속 협죽도과	그리스어 neros(습한)에서 유래된 것으로 습지에서 주로 자라기 때문에 붙여진 이름.	협죽도 (Nerium oleander)
Pinus 피누스	소나무속 소나무과	라틴어 고명에서 유래한 것으로 그 어원은 pix, picis 또는 picinis (역청)이다. 혹은 소나무의 라틴 고명으로 켈트어 pin(山)에서 유래.	곰솔 (Pinus thunbergii)
Prunus 프루누스	벚나무속 장미과	자두에 대한 라틴어 고명에서 유래.	산벚나무 (Prunus sargentii)
Viola※ 비올라	제비꽃속 제비꽃과	그리스어에서 다양한 방향식물을 뜻하는 ion(초기 형태에서는 wion)을 어원으로 하는 라틴어 고명에서 유래.	삼색제비꽃 (Viola tricolor)

◀ 협죽도
Nerium oleander

속명은 그리스어 '습한'에서 유래된 것으로 습지에서 주로 자라기 때문에 붙여진 이름.

◀ 삼색제비꽃
Viola tricolor

속명은 그리스어에서 다양한 방향식물을 뜻하는 어원으로 라틴어 고명에서 유래.

■ 신화에서 유래하는 속명

속명	발음	속명	과명	유래	주요 종류
Adonis ※ 아도니스	복수초속 미나리아재비과	그리스신화에 등장하는 미소년 아도니스(Adonis)에서 유래된 이름.	복수초 (Adonis amurensis)
Centaurea 켄타우레아	수레국화속 국화과	그리스신화에 나오는 반인반마의 괴물 켄타우로스(Kentauros)의 한 명인 케이론(Chiron)이 식물을 약초로 이용한 것에서 유래.	수레국화 (Centaurea cyanus)
Cypripedium 시프리페디움	복주머니란속 난초과	여신 아프로디테를 의미하는 그리스어 Kypris와 pedilon(슬리퍼)의 합성어로 입술판의 모양에서 유래된 이름.	광릉요강꽃 (Cypripedium japonicum)
Daphne ※ 다프네	팥꽃나무속 팥꽃나무과	월계수(Laurus nobilis)에 대한 그리스명으로, 그리스신화에서 월계수로 바뀌어 버린 요정 다프네(Daphne)에서 유래된 것.	서향 (Daphne odora)
Heliconia 헬리코니아	헬리코니아속 헬리코니아과	그리스신화에 등장하는 예술의 각 분야를 관장하는 9여신 뮤즈(Muse)가 산다는 헤리콘산(Mount Helicon)에 유래된 이름.	헬리코니아 로스트라타 (Heliconia rostrata)
Hyacinthus ※ 히아킨투스	히아신스속 백합과	그리스신화에 등장하는 미소년 히아킨토스(Hyakinthos)의 이름에서 유래.	히아신스 (Hyacinthus orientalis)
Iris 이리스	붓꽃속 붓꽃과	그리스신화의 무지개의 여신 Iris에서 온 말로 꽃색의 변화가 많고, 아름다운 것에 유래된 이름.	붓꽃 (Iris sanguinea)
Laelia ※ 라엘리아	라일리아속 난초과	로마신화에 등장하는 화로(火爐)의 여신 베스타(Vesta)를 섬기는 처녀사제 중 한 명인 Laelia의 이름에서 유래.	라엘리아 푸밀라 (Laelia pumila)
Narcissus 나르키수스	수선화속 수선화과	샘에 비치는 자신의 모습을 사랑하게 되어 샘만 들여다보다가 탈진해서 죽은 그리스신화에 등장하는 미소년 나르키소스(Narkissos)에서 유래된 이름.	수선화 (Narcissus tazetta var. chinensis)
Nymphaea 님파에아	수련속 수련과	그리스어 Nymphe(님프, 물의 정령)에서 온 말로 그 생육하는 장소에서 유래된 이름.	수련 (Nymphaea tetragona)
Paeonia 파에오니아	작약속 작약과	본속의 식물을 최초로 의약으로 이용한 그리스신화의 의신 파에온(Paeon)의 이름에서 유래.	모란 (Paeonia suffruticosa)
Paphiopedilum 파피오페딜룸	파피오페딜룸속 난초과	여신 아프로디테의 키프로스에서 호칭 파피오(Paphio)와 그리스어 pedilon(슬리퍼)의 합성어로 입술판의 형태에서 유래된 이름.	파피오페딜룸 미크란툼 (Paphiopedilum micranthum)
Tagetes 타게테스	천수국속 국화과	그리스신화에 나오는 에트루리아(Etruria)의 미의 신 타게스(Tages)에서 유래된 이름.	천수국 (Tagetes erecta)

◀ **복수초**
Adonis amurensis

속명은 그리스신화에 등장하는 미소년 아도니스에서 유래된 것.

◀ **서향**
Daphne odora

속명은 그리스신화에 등장하는 제우스에 의해 월계수로 바뀌어 버린 요정 다프네에서 유래된 것.

◀ **히아신스**
Hyacinthus orientalis

속명은 그리스신화에 등장하는 미소년 히아킨토스의 이름에서 유래된 것.

◀ **라엘리아 푸밀라**
Laelia pumila

속명은 로마신화에 등장하는 베스타를 섬기는 처녀사제인 라엘리아의 이름에서 유래.

■ 전승에서 유래하는 속명

속명 │ 발음	속명 │ 과명	유래	주요 종류
Aristolochia ※ 아리스톨로키아	쥐방울덩굴속 쥐방울덩굴과	그리스어 aristos(가장 좋은)와 locheis(출산)의 합성어로 본속의 식물이 순산에 효능이 있다고 믿었던 것에서 유래된 이름.	쥐방울덩굴 (*Aristolochia contorta*)
Heliotropium ※ 헬리오트로피움	헬리오트로피움속 지치과	그리스어 helios(태양)와 trope(회전)의 합성어로 꽃차례가 태양과 함께 회전한다고 믿었던 것에서 유래된 이름.	페루향수초 (*Heliotropium arborescens*)
Hypericum ※ 히페리쿰	물레나물속 물레나물과	그리스어 hyper(上)와 eikon(像)의 합성어로 고대 여름축제에서 악마를 격퇴하는데 본속 식물의 꽃을 상 위에 둔 것에서 유래된 이름.	망종화 (*Hypericum patulum*)
Spiraea ※ 스피라에아	조팝나무속 장미과	그리스어 speira(화환)에서 온 말로 꽃이 핀 가지를 화환을 만든 것에서 유래된 이름.	조팝나무 (*Spiraea prunifolia* for. *simpliciflora*)

◀ 쥐방울덩굴
Aristolochia contorta

속명은 본속의 식물이 순산에 효능이 있다고 믿었던 것에서 유래된 이름.

◀ 페루향수초
Heliotropium arborescens

속명은 그리스어 '태양'과 '회전'의 합성어로 꽃차례가 태양과 함께 회전한다고 믿었던 것에서 유래된 이름.

◀ 망종화
Hypericum patulum

속명은 고대 여름축제에서 악마를 격퇴하는데 꽃을 상 위에 둔 것에서 유래된 이름.

◀ 조팝나무
Spiraea prunifolia for. *simpliciflora*

속명은 그리스어 '화환'에서 온 말로 꽃이 핀 가지를 화환을 만든 것에서 유래된 이름.

식물 이야기 ▶ 은행나무의 학명

은행나무
Ginkgo biloba

은행나무의 학명 *Ginkgo biloba* L.에서 *Ginkgo*는 속명, *biloba*는 종소명, L.은 명명자인 린네(Linné)의 약자이다. 종소명 biloba는 나뭇잎이 부채꼴이고 끝이 살짝 갈라져서 붙여진 이름이다. 속명 *Ginkgo*의 유래에는 재미있는 이야기가 전해진다. 은행(銀杏)의 일본식 발음은 긴쿄(ginkjo)인데, 이것을 독일 출신의 박물학자 겸 의사인 엥겔베르트 캠퍼(Engelbert Kaempfer)가 그의 책(Ameontitates Exoticae, 1712)에 잘못 표기하여 ginkgo라고 표기하였다. 하지만 나중에 동식물의 학명을 붙이고 정리한 린네는 캠퍼의 명명을 존중하여 잘못된 표기를 그대로 고수했다. 이렇게 하여 은행나무 학명의 철자는 *Ginkgo*로 굳어진 것이다.

■ 기타

속명 | 발음	속명 | 과명	유래	주요 종류
Adiantum 아디안툼	공작고사리속 비고사리과	그리스어 a(부정)와 diantos(젖다)의 합성어로 빗방울에 젖지 않는 잎을 가졌다는 의미의 이름.	공작고사리 (Adiantum pedatum)
Agapanthus 아가판투스	아가판투스속 백합과	그리스어 agape(사랑)와 anthos(꽃)의 합성어로 꽃의 아름다움에서 유래된 이름.	아가판투스 (Agapanthus africanus)
Calendula 카렌둘라	금잔화속 국화과	라틴어 calendae(월의 첫 날을 옛 로마력에서 부르는 말, 이후의 1달을 가리킨다)에 기원하며, 화기가 긴 것에서 유래된 이름.	금잔화 (Calendula arvensis)
Callicarpa 칼리카르파	작살나무속 마편초과	그리스어 kallos(아름다운)와 karpos(열매)의 합성어로 아름다운 열매에서 유래된 이름.	작살나무 (Callicarpa japonica)
Celosia 케로시아	맨드라미속 비름과	그리스어 kelos(불타다)에서 온 말로 마치 불타는 듯한 꽃의 모양에서 유래된 이름.	맨드라미 (Celosia cristata)
Cosmos 코스모스	코스모스속 국화과	그리스어 kosmos(장식, 아름다운)에서 온 말로 꽃이 아름다운 것에서 유래된 이름.	코스모스 (Cosmos bipinnatus)
Dianthus 디안투스	패랭이꽃속 석죽과	그리스어 dios(신성한)과 anthos(꽃)의 합성어로 꽃의 아름다움과 방향에서 유래된 이름.	패랭이꽃 (Dianthus chinensis)
Dracaena 드라카에나	드라세나속 용설란과	그리스어 drakaina(암컷 용)에서 온 말로 드라세나 드라코(D.draco)가 '용의 피'라는 붉은 수지를 내는 것에서 유래된 이름.	드라세나 마르기나타 (Dracaena marginata)
Eucharis 유카리스	유카리스속 수선화아과	그리스어 eu(좋은)와 eharis(끌어당기다)의 합성어로 꽃의 아름다움에서 유래된 이름.	아마존 백합 (Eucharis grandiflora)
Exacum ※ 엑사쿰	엑사쿰속 용담과	그리스어 ex(밖으로)와 ago(쫓아내다)의 합성어. 독(毒)을 제거하는 효력이 있는 것 또는 갈리아의 고명 exaeon에서 유래.	엑사쿰 아피네 (Exacum affine)
Gloriosa 글로리오사	글로리오사속 백합과	라틴어 gloriosus(영광스러운, 훌륭한)에서 온 말로 꽃의 아름다움에서 유래된 이름.	글로리오사 로스차일드 (Gloriosa rothschildiana)
Helianthus 헤리안투스	해바라기속 국화과	그리스어 helios(태양)과 anthos(꽃)의 합성어로 머리모양꽃차례와 태양을 향해 개화하는 것에서 유래된 이름.	해바라기 (Helianthus annuus)
Hibiscus 히비스쿠스	무궁화속 아욱과	아욱속(Malva)의 식물에 붙여진 그리스어 및 라틴어 고명. 이집트의 신(Hibis)와 그리스어 isko(비슷하다)의 합성어에서 유래.	무궁화 (Hibiscus syriacus)
Impatiens 임파티엔스	물봉선속 봉선화과	라틴어 impatiens(인내하지 못하는)에서 온 말로 건드리면 터지는 열매의 속성 때문에 붙여진 이름.	아프리카봉선화 (Impatiens walleriana)
Mirabilis 미라빌리스	분꽃속 분꽃과	라틴어 mirabilis(멋진, 경이적인)에서 온 말로 꽃을 형용한 것.	분꽃 (Mirabilis jalapa)
Osmanthus 오스만투스	목서속 물푸레나무과	그리스어 osme(향기)와 anthos(꽃)의 합성어로 꽃에서 방향이 나는 것에서 유래된 이름.	금목서 (Osmanthus fragrans var. aurantiacus)
Oxalis ※ 옥살리스	괭이밥속 괭이밥과	그리스어 oxys(신맛)에서 온 말로 본속의 식물이 잎에 옥살산을 포함하기 때문에 신맛이 나는 것에서 유래된 이름.	옥살리스 푸르푸레아 (Oxalis purpurea)
Papaver 파파베르	양귀비속 양귀비과	라틴어 papa(유아에게 주는 죽)에서 유래된 말로 양귀비에 최면 효과가 있기 때문에 죽에 혼합하여 아이를 재웠다는 것에서 유래.	꽃양귀비 (Papaver nudicaule)
Petunia 페튜니아	페튜니아속 가지과	담배(Nicotiana tabacum)에 붙여진 브라질명 petun의 오용에서 유래된 이름.	페튜니아 (Petunia hybrida)
Salvia 살비아	배암차즈기속 꿀풀과	본속에 속하는 sage(세이지)에 대한 라틴어에서 유래된 말. 라틴어 salvare(치료)에 기원을 두며 약용으로 사용된 것에서 유래.	깨꽃 (Salvia splendens)

◀ 엑사쿰 아피네
Exacum affine

속명은 독을 제거하는 효력이 있다고 여겨지는 것에서 유래된 이름.

◀ 옥살리스 보위
Oxalis bowiei

속명은 '신맛'에서 온 말로 식물의 잎에 옥살산을 포함하기 때문에 유래된 이름.

■ 종소명

> • 종소명(種小名), specific name,
> シュショウメイ

種종에 대한 학명은 속명과 종소명의 조합으로 표시하며, 이명법이라 부른다. 종소명은 대부분 형용사지만, 명사의 소유격 또는 고유명사인 경우도 있다. 이 때문에 종소명을 '종의 형용어'라고도 부른다. 형용사는 라틴어 문법규칙에 의해 속명의 성에 따라 어미가 변화하지만, 명사의 소유격이나 고유명사는 성에 의한 어미의 변화는 없다.

어미변화	의 미	남 성	여 성	중 성
−us, −a, −um	날개가 있는	alatus	alata	alatum
−er, −ra, −rum	털이 없는	glaber	glabra	glabrum
−is, −is, −e	짧은	brevis	brevis	breve
변화 없음	무서운	ferox	ferox	ferox

■ 고유명사에서 유래하는 종소명

종소명이 고유명사에 유래하는 것은 가능하면 그 나라의 발음에 가깝게 나타내는 것을 권장하고 있다. 종소명에 지명을 사용할 때는 형용사화하여 사용한다. 국명인 경우 남성은 icus, ensis, anus 등을 어미에 붙이며, 속명의 성에 따라 어미가 변화하는 경우가 많다.

Korea(한국) → koraiensis, koreensis, koraianus
Japan(일본) → japonicus, japonica, japonicum
Chile(칠레) → chilensis, chilense
Africa(아프리카) → airicanus, airicana, africanum

종소명에 인명을 사용할 때는 소유격으로 하거나 형용사화한 것을 이용한다. 소유격으로 할 때는 다음과 같이 한다. 이 경우는 형용사가 아니기 때문에 속명의 성에 의한 어미변화는 없다.

❶ 인명의 어미가 모음으로 끝날 때, 그 모음이 a인 경우는 그 뒤에 e를 붙이고, a이외의 모음인 경우는 그 뒤에 i를 붙인다.

예 : Makino(마키노) → makinoi

❷ 인명의 어미가 er로 끝나는 경우는 그 뒤에 i를 붙인다.

예 : Kaempfer(캠퍼) → kaempferi

❸ 인명의 어미가 그 외의 자음인 경우는 그 뒤에 i 또는 ii를 붙인다.

예 : Siebold(지볼트) → sieboldii

❹ 인명을 형용사화 하는 경우는 인명 뒤에 남성일 때는 anus 또는 ianus를 붙이고, 속명의 성에 의한 의미변화는 시키지 않는다.

예 : Makino(마키노) → makinoanus, makinoana, makinoanum

종소명	발음	의미
acantho-	아칸토	가시의, 바늘이 있는(접두어. 뒤에 모음이 이어지는 경우는 acanth-)
acaulis	아카우리스	줄기가 없는
aculeatus	아쿠레아투스	가시가 있는, 뾰족한
acuminatus	아쿠미나투스	날카로운, 끝이 점차 뾰족해지는
acutus	아쿠투스	예리한, 끝이 날카로운
adeno-	아데노	샘(腺)의, 샘(腺)이 있는 (접두어. 뒤에 모음이 이어지는 경우는 aden-)
alatus	아라투스	날개가 있는, 날개 모양의
alternatus	알테르나투스	어긋나는(互生)
alternifolius	알테르니폴리우스	어긋나기(互生) 잎의
altus	알투스	높은, 깊은
amplus	암플러스	넓게, 크게
ampullaria	암풀라리아	병 모양의, 항아리 모양의
anceps	안케프스	2개의 능(稜)이 있는, 2개의 머리를 가진
angularis	안구라리스	능(稜)이 있는, 모(角)가 있는
angulatus	안구라투스	능이 있는, 모가 있는
angulosus	안구로수스	능이 있는, 능각이 있는
angustus	안구스투스	좁은, 가는
-anthus	안투스	~꽃의(접미어)
arborescens	아르보레스켄스	아교목의
arboreus	아르보레우스	교목의, 수목의
aristatus ※	아리스타투스	까끄라기가 있는
ascendens	아스켄덴스	비스듬히 오르는
asper	아스페르	거친 면의, 꺼칠꺼칠한
asterias	아스테리아스	별 모양의, 불가사리 모양의
astero-	아스테로	별 모양의(접두어. 뒤에 모음이 이어지는 경우는 aster-)
auriculatus	아우리쿠라투스	귀 모양의
axillaris	악실라리스	겨드랑이에 나는(腋生)
barbatus	바르바투스	수염이 난, 까끄라기(芒)가 있는

■ 형태나 크기에서 유래하는 종소명

종소명	발음	의미
bifurcatus	비푸르카투스	두 갈래로 갈라진
brachy-	브라키	짧은(접두어)
bracteatus	브라크테아투스	포(苞)가 있는
brevi-	브레비	짧은(접두어)
brevis	브레비스	짧은
calcaratus	칼카라투스	꽃뿔이 있는
calvus	칼부스	털이 없는, 나출(裸出)된
campanulatus	캄파눌라투스	종 모양의
canaliculatus	카나리쿨라투스	파이프 모양의, 가는 관의
caperatus ※	카페라투스	주름이 있는
capillatus	카필라투스	가는 털이 있는, 털 모양의
capitatus	카피타투스	머리모양꽃차례의
carinatus	카리나투스	척추가 있는
carnosus	카르노수스	육질의
caudatus	카우다투스	꼬리가 있는, 꼬리 모양의
caulescens	카우레스켄스	줄기가 있는
cauliflorus	카우리플로렌스	줄기에서 꽃이 피는(幹生花)
chamae-	카마에	작은, 낮은(접두어)
circinalis	키르키날리스	소용돌이 모양의, 코일 모양의
circinatus	키르키나투스	소용돌이 모양의, 코일 모양의
clavatus	크라바투스	곤봉 모양의
comosus	코모수스	긴 털다발이 있는
compressus	콤푸레수스	편평한
conformis	콘포르미스	같은 형태의
cordatus	코르다투스	심장 모양의
coriaceus	코리아케우스	가죽질(革質)의
cornutus	코르누투스	뿔이 있는, 뿔 모양의
coronarius	코로나리우스	꽃부리의, 덧꽃부리의
corymbosus	코림보수스	편평꽃차례(散房花序)의
crassipes	크라시페스	굵은 자루가 있는
crassus	크라수스	두터운, 굵은, 다육질의

◀ 알로에 아리스타타
Aloe aristata

종소명은 '까끄라기가 있는'이라는 의미로 잎의 형태에서 유래된 이름.

◀ 페페로미아 카페라타
Peperomia caperata

종소명은 '주름이 있는'이라는 의미로 잎에 주름이 있는 것에서 유래된 이름.

■ 형태나 크기에서 유래하는 종소명

종소명	발음	의미
crenatus	크레나투스	둔한 톱니가 있는
crispatus	크리스파투스	위축된, 주름이 있는
crispus	크리스푸스	위축된, 주름이 있는
cristatus	크리스타투스	닭벼슬 모양의
cuneatus	쿠네아투스	쐐기 모양의
curvatus	쿠르바투스	구부러진, 휜
cylindraceus	키린드라케우스	원주 모양의, 원통 모양의
cylindratus	키린드라투스	원주 모양의, 원통 모양의
cymosus	키모수스	집산꽃차례(集散花序)의
decumbens	데쿰벤스	옆으로 누워 있는
deformis	데포르미스	기형의, 형태가 부서진
deltoides	델토이데스	삼각형의
densiflorus	덴시플로루스	밀생하여 피는 꽃의
dentatus	덴타투스	이빨이 있는, 이빨 모양의
difformis	디포르미스	이형(異形)의, 변형된
divisus	디비수스	전열(全裂)의, 분열된
elatior	에라티오르	더 높이(elatus의 비교급)
elatius	에라티우스	더 높이(elatus의 비교급)
elatus	에라투스	키가 큰
ellipticus	엘립티쿠스	타원형의
elongatus	엘롱가투스	늘어나다, 연장하다
erectus	에렉투스	직립하다
erio−	에리오	연모(軟毛)의(접두어)
excelsus	엑셀수스	높은, 융기하는
falcatus	파르카투스	낫 모양의
farinosus	파리노수스	분말 성분의, 가루 모양의
fasciatus	파스키아투스	속생의, 띠 모양의
fasciculatus	파스키쿠라투스	속생의, 총생의
fenestralis ※	페네스트라리스	격자창 모양의, 빛을 투과하는
fenestratus	페네스트라투스	격자창 모양의, 빛을 투과하는
filamenontosus	필라메논토수스	실 모양의

■ 형태나 크기에서 유래하는 종소명

종소명	발음	의미
fimbriatus	핌브리아투스	테두리에 털이 있는
fistulosus	피스투로수스	관 모양의, 중공(中空)의
flabellatus	프라벨라투스	부채 모양의
flore−pleno	프로레−프레노	겹꽃을 갖는
floribundus	프로리분더스	꽃이 많은, 많은 꽃을 피우는
floridas	프로리다스	꽃이 많은, 꽃이 눈에 잘 띠는
−florus	프로루스	～꽃의(접미어)
−folius	포리우스	～잎의(접미어)
frutescens	프루테스켄스	관목 형태의
fruticosus	프루티코수스	관목 형태의
furcatus	푸르카투스	작살 모양의, 포크 모양의
gibbosus	기보수스	한쪽이 부풀은, 혹 모양의
gibbus	기부스	한쪽이 부풀은, 혹 모양의
giganteus	기간테우스	거대한, 대단히 큰
gigas	기가스	거대한, 대단히 큰
glaber ※	그라베르	털이 없는, 매끈한
glandulifer	그란두리페르	샘(腺)이 있는
globosus	그로보수스	구형의, 공 모양의
glomeratus	그로메라투스	공 모양으로 된
gracilis	그라키리스	가늘고 긴, 화사한
grandiflorus	그란디플로루스	큰 꽃의
grandis	그란디스	큰, 위대한
hastatus	하스타투스	칼끝 모양의
helix	헬릭스	나선 모양의
herbaceus	헤르바케우스	초본의, 초질의
hetero−	헤테로	다른, 여러 가지의(접두어, 뒤에 모음이 이어지는 경우는 heter−)
heterophyllus	헤테로필루스	다른 성질의 잎을 가지는
hirsutus	히르수투스	거친 털이 있는
hirtellus	히르텔루스	짧고 거친 털이 있는
hirtus	히루투스	털이 있는

◀ 브리에세아
페네스트랄리스
*Vriesea
fenestralis*

종소명은 '격자창 모양의'라는 의미로 잎면의 무늬에서
유래된 이름.

◀ 죽절초
*Chloranthus
glaber*

종소명은 '털이 없는', '매끈한'이라는 의미에서 유래된 이름.

■ 형태나 크기에서 유래하는 종소명

종소명	발음	의미
hispidus	히스피두스	거친 털이 있는
humilis	후밀리스	낮은, 작은
imbricatus	임브리카투스	기와 모양의, 서로 겹치는
immaculatus	임마쿨라투스	반점이나 얼룩무늬가 없는
incurvus	인쿠르부스	안쪽으로 굽은
indivisus	인디비수스	갈라지지 않은, 연속한
ingens	인겐스	거대한, 법외(法外)의
integer	인테게르	전연(全緣)의
integrifolius	인테그리폴리우스	전연 잎의
involucratus	인볼루크라투스	총포(總苞)가 있는
labiatus ※	라비아투스	입술 형태의, 입술꽃잎을 가지는
laevigatus	라에비가투스	털이 없는, 매끈한
laevis	라에비스	평활한, 털이 없는
lanatus	라나투스	양모같은, 연한 털이 있는
lanceolatus	란케오라투스	피침형(披針形)의
lancifolius	란키폴리우스	피침형 잎의
lati-	라티	폭이 넓은(접두어)
latifolius	라티폴리우스	넓은 잎의
latus	라투스	넓은, 폭이 넓은
laxi-	락시	성긴, 거친(접두어)
laxiflorus	락시플로루스	성기게 난 꽃의
lepto-	렙토	얇은, 가는(접두어. 뒤에 모음이 이어지는 경우는 lept-)
linearis	리네아리스	선형의, 선모양의
lineatus	리네아투스	선무늬가 있는
lingulatus	린구라투스	혀 모양의
lobatus	로바투스	얕게 갈라진, 열편이 있는
longifolius	론기폴리우스	긴 잎의
longus	론구스	긴
macranthus	마크란투스	큰 꽃의
macro-	마크로	큰(접두어. 뒤에 모음이 이어지는 경우는 macr-)

■ 형태나 크기에서 유래하는 종소명

종소명	발음	의미
macrophyllus	마크로필루스	큰 잎의
maculatus	마쿠라투스	얼룩무늬가 있는
major	마요르	보다 큰, 보다 위대한
marginalis	마르기나리스	복륜(覆輪)이 있는
marginatus ※	마르기나투스	가장자리를 장식한
marmoratus	마르모라투스	대리석 모양의
maximus	막시무스	최대의, 가장 큰
mega-	메가	큰, 거대한(접두어)
membranaceus	멤브라나케우스	막질(膜質)의, 막 모양의
micranthus	미크란투스	작은 꽃의
micro-	미크로	작은(접두어. 뒤에 모음이 이어지는 경우는 micr-)
minimus	미니무스	최소의, 아주 작은
minor	미노르	보다 작은, 소형의
minutus	미누투스	미세한, 극소의
mollis	모리스	부드러운 털이 있는
mosaicus	모사이쿠스	모자이크 모양의
multi-	물티	많은, 다수의(접두어. 뒤에 모음이 이어지는 경우는 mult-)
multiflorus	물티플로루스	꽃이 많은
musaicus	무사이쿠스	모자이크 모양의
nanus	나누스	작은, 왜소한, 낮은
nervosus	네르보수스	맥(脈) 모양의
nucifer	누키페르	견과가 달리는
nummularius	눔무라리우스	동전 모양의, 원판 모양의
nutans	누탄스	구부러진, 고개를 숙인
obconicus	오브코니쿠스	거꿀원추형의
obcordatus	오브코르다투스	거꿀하트형의
obesus ※	오베수스	비만한, 지나치게 살찐
oblongatus	오브론가투스	장타원형의
obovatus	오보바투스	거꿀달걀형의
oppositifolius	오포시티폴리우스	마주나기 잎의

◀ **카틀레야 라비아타**
Cattleya labiata

종소명은 '입술 모양의'라는 의미로 잎술판의 모양에서 유래된 이름.

◀ **헬리코니아
마르기나타**
*Heliconia
marginata*

종소명은 '가장자리를 장식한'이라는 의미로 포의 가장자리가 노란색인 것에서 유래된 이름.

■ 형태나 크기에서 유래하는 종소명

종소명	발음	의미
orbicularis	오르비쿠라리스	원형의
orbiculatus	오르비쿠라투스	원형의
ovalis	오바리스	넓은 달걀형의
ovatus	오바투스	달걀형의
oxypetalus	옥시페타루스	뾰족한 꽃잎의
pachy-	파키	두꺼운, 굵은(접두어)
palmatus	팔마투스	손바닥 모양의
paniculatus	파니쿨라투스	원추형의, 원뿔모양꽃차례(円錐花序)의
papyraceus	파피라케우스	종이 같은, 지질의
partitus	파르티투스	깊게 갈라진
parviflorus	파르비플로루스	작은 꽃의
patens	파텐스	개출(開出)한, 열린
patulus	파투루스	조금 열린
pauci-	파우키	소수의, 소량의(접두어. 뒤에 모음이 이어지는 경우는 pauc-)
pauciflorus	파우키플로루스	적은 꽃의
pectinatus	펙티나투스	빗살 모양의
pedatus	페다투스	새발 모양의
pellucidus	펠루키두스	반투명의
peltatus	펠타투스	방패 모양의
pendulus	펜두루스	아래로 늘어진
pennatus	펜나투스	깃털 모양의
perforatus	페르포라투스	관통한, 구멍 뚫린
perulatus	페루라투스	인편(鱗片)이 있는
-phyllus	필루스	~잎의(접미어)
pilifer	필리페르	부드러운 털이 있는
tarinosus	싸리노수스	눈밀 싱분의, 가루 모양의
fasciatus	파스키아투스	속생의, 띠 모양의
fasciculatus	파스키쿠라투스	속생의, 총생의
pinnatus	핀나투스	깃털 모양의
planifolius	플라니폴리우스	편평한 잎의

■ 형태나 크기에서 유래하는 종소명

종소명	발음	의미
platy-	플라티	넓은, 편평한(접두어)
pleniflorus	플레니플로루스	겹꽃의
plicatilis	플리카틸리스	부채를 접은
plicatus	플리카투스	부채를 접은
plumosus	플루모수스	깃털 모양의
podophyllus	포도필루스	자루가 있는 잎의
poly-	폴리	많은, 다수의(접두어)
polyanthus ※	폴리안투스	많은 꽃의
procumbens	프로쿰벤스	엎드려 누운, 기는
pubescens	푸벤스켄스	가늘고 부드러운 털이 있는
pumilus	푸밀루스	낮은, 작은
punctatus	푼크타투스	반점이 있는, 작은 점이 많은
pusillus	푸실루스	가늘고 작은, 엷고 작은
pycnanthus	피크난투스	조밀하게 꽃이 피는
pygmaeus	피그마에우스	왜성의
quinquefolius	쿠인쿠에폴리우스	5엽(葉)의
racemosus	라케모수스	총상꽃차례(總狀花序)의
radiatus	라디아투스	방사상의
radicans	라디칸스	뿌리를 내리는
ramosus	라모수스	분기한, 가지가 많은
recurvatus	레쿠르바투스	뒤로 휜, 반대로 휜
reflexus	레프렉수스	밖으로 휜
reniformis	레니포르미스	신장(腎臟) 모양의
repandus	레판두스	파도 모양의
repens	레펜스	옆으로 기는, 포복성(匍匐性)의
reticulatus	레티쿨라투스	그물 모양의
revolutus	레볼루투스	밖으로 감기는
rhombifolius	롬비폴리우스	마름모형 잎의
rigidus	리기두스	단단한, 구부러지지 않는
rostratus	로스트라투스	부리 모양의
rotundatus	로툰다투스	원형의

◀ 유포르비아 오베사
Euphorbia obesa

종소명은 '비만한'이라는 의미로 다육화한 줄기에서
유래된 이름.

◀ 학자스민
Jasminum polyanthum

종소명은 '많은 꽃의'이라는 의미로 많은 꽃이 피는 것에서
유래된 이름.

종소명	발음	의미
rotundus	로툰두스	원형의, 둥그스름한
rugosus	루고수스	주름이 있는, 수축한
sagittatus	사기타투스	화살촉 모양의
sarmentosus	사르멘토수스	덩굴줄기가 있는
scandens	스칸덴스	기어오르는 성질의
scariosus	스카리오수스	건막질(乾膜質)의
scoparius	스코파리우스	빗자루 모양의
serratus	세라투스	톱니가 있는
serrulatus	세루라투스	가는 톱니가 있는
sessilis	세실리스	자루가 없는
setosus	세토수스	가시털 모양의
sinuatus	시누아투스	파도 모양의
spathaceus	스파타케우스	불염포가 있는, 불염포 모양의
spathulatus	스파투라투스	주걱 모양의
spicatus	스피카투스	이삭 모양의, 이삭꽃차례(穗狀花序)의
spinosus	스피노수스	가시가 많은
spinulosus	스피누로수스	작은 가시가 있는
spiralis	스피라리스	나선형의
squarrosus	스쿠아로수스	표면이 꺼칠꺼칠한
stellatus	스텔라투스	별 모양의
steno –	스테노	좁은(접두어. 뒤에 모음이 이어지는 경우는 sten–)
stolonifer	스토로니페르	포복지(匍匐枝)를 가진
strepto –	스트렙토	굽은, 뒤틀린(접두어. 뒤에 모음이 이어지는 경우는 strept–)
striatus	스트리아투스	줄이 있는, 홈이 있는
strictus	스트릭투스	직립의
subulatus	수부라투스	바늘 모양의
succulentus	수쿨렌투스	다육질의, 즙이 많은 성질
suffruticosus	수프루티코수스	아관목 모양의
surculosus	수르쿠로수스	지하로 뻗는 포복지가 있는

종소명	발음	의미
tenui –	테누이	가는, 얇은(접두어)
teres	테레스	원기둥 모양의
terminalis	테르미나리스	정생(頂生)의
ternatus	테르나투스	3출(出)의, 3윤생의
tessellatus	테셀라투스	격자 모양의
tomentosus	토멘토수스	가는 솜털이 있는, 벨벳털이 있는
transparens	트란스파렌스	투명한
triangularis ※	트리안굴라리스	삼각의, 삼각형의
tricho –	트리코	털 모양의(접두어. 뒤에 모음이 이어지는 경우는 trich–)
tuberosus	투베로수스	괴경(塊莖)의, 괴경 모양의
tubulosus	투불로수스	관 모양의, 관이 있는
umbellatus	움벨라투스	우산모양꽃차례(散形花序)의, 우산 모양의
undatus	운다투스	둔한 파도 모양의
undulatus	운두라투스	물결치는, 파도 모양의
variegatus	베리에가투스	얼룩무늬가 있는
ventricosus	벤트리코수스	비대한, 부풀은
verrucosus	베루코수스	사마귀 모양의 돌기가 있는
versicolor	베르시코로르	점박이의, 여러 종류의 색이 있는
verticillaris	베르티킬라리스	윤생의, 윤생의 잎을 가진
verticillatus	베르티킬라투스	윤생의, 윤생의 잎을 가진
vestitus	베스티투스	부드러운 털로 덮힌
villosus	빌로수스	길고 부드러운 털이 있는
zonalis	조나리스	고리 모양의 무늬가 있는
zonatus	조나투스	고리 모양의 무늬가 있는

◀ **파필리오나케아 사랑초**
Oxalis triangularis
subsp. *papilionacea*

종소명은 '삼각형의'라는 의미로 삼각 모양의 잎에서 유래된 이름.

◀ **틸란드시아 우스네오이데스**
Tillandsia usneoides

종소명은 '소나무겨우살이와 비슷한'이라는 의미로 소나무 겨우살이의 형태에서 유래된 이름.

■ 다른 동식물의 유사성에서 유래하는 종소명

종소명	발음	의미
abietinus	아비에티누스	소나무과 전나무속(Abies)과 비슷한
acerifolius	아케리폴리우스	단풍나무과 단풍나무속(Acer)과 비슷한 잎의
aceroides	아케로이데스	단풍나무속(Acer)과 유사한
alliaceus	알리아케우스	백합과 부추속과(Allium)과 비슷한
aloides	알로이데스	백합과 알로에속(Aloe)과 비슷한
apifer	아피페르	벌 모양을 하고 있는
bambusifolius	밤부시폴리우스	대나무잎과 비슷한
bambusoides	밤부소이데스	대나무와 비슷한
bellidiformis	벨리디포르미스	국화과 벨리스속(Bellis)과 같은 모양의
buxifolius	북시폴리우스	회양목과 회양목속(Buxus)의 잎과 같은
cactiformis	카크티포르미스	선인장 모양의
corallinus	코랄리누스	산호 모양의
dianthiflorus	디안티플로루스	패랭이속(Dianthus)과 비슷한 꽃의
elephantipes	에레판티페스	코끼리 발처럼 생긴 굵은 수간의
ericifolius	에리키폴리우스	진달래과 에리카속(Erica)과 같은 잎의
ficifolius	피키폴리우스	뽕나무과 무화과속(Ficus)과 비슷한 잎의
filicinus	피리키누스	양치류와 비슷한
gramineus※	그라미네우스	벼과 식물과 비슷한
graminifolius	그라미니폴리우스	벼잎과 비슷한 잎의
hederaceus	헤데라케우스	두릅과 송악속(Hedera)과 비슷한
jasminoides	야스미노이데스	물푸레나무과 영춘화속(Jasminum)과 비슷한
liliaceus	리리아케우스	백합속(Lillium)과 비슷한
papilio	파필리오	나비 모양의
pavoninus	파보니누스	공작새 같은, 화려한
pavonius	파보니우스	공작새 같은, 화려한
primulinus	프리무리누스	앵초과 앵초속(Primula)과 비슷한
usneoides※	우스네오이데스	소나무겨우살이와 비슷한
uvarius	우바리우스	포도 같은
zebrinus※	제브리누스	얼룩말의 얼룩무늬가 있는

■ 색채에서 유래하는 종소명

종소명	발음	의미
achromaticus	아크로마티쿠스	무색의
aeneus	아에네우스	황동색의
albi-	알비	흰색의(접두어)
albiflorus	알비플로루스	흰꽃의
albiflos	알비플로스	흰꽃의
albus	알부스	흰색의
argentatus	아르겐타투스	은과 같은, 은백색의
argenteus	아르겐테우스	은과 같은, 은백색의
atro-	아트로	암흑의(접두어)
atropurpureus	아트로푸르프레우스	암자주색의, 흑자색의
atrosanguineus	아트로산구이네우스	혈홍색(血紅色)의
aurantiacus	아우라티아쿠스	등황색의, 오렌지색의
aurantius	아우란티우스	등황색의, 오렌지색의
aureus	아우레우스	황금색의
azureus	아주레우스	담청색의
bicolor	비코로르	2색의
brunneus	브루네우스	짙은 갈색의
caelestis	카에레스티스	청색의
caerulescens	카에루레스켄스	청색을 띠는
caeruleus	카에루레우스	청색의
candicans	칸디칸스	흰 광택이 있는, 흰털이 있는
candidus	칸디두스	순백색의, 흰털이 있는
canescens	카네스켄스	회백색의
cardinalis	카르디나리스	심홍색의
carneus	카르네우스	살구색의
chloro-	크로로	녹색의(접두어. 뒤에 모음이 이어지는 경우는 chlor-)
chrysanthus	크리산투스	황색 꽃의
chryso-	크리소	황금색의(접두어. 뒤에 모음이 이어지는 경우는 chrys-)
cinereus	키네레우스	회색의
cinnabarinus	킨나바리누스	주홍색의

◀ 석창포
Acorus gramineus
종소명은 '벼과 식물과 비슷한'이라는 의미에서 유래된 이름.

◀ 후에르니아 제브리나
Huernia zebrina
종소명은 '얼룩말의 얼룩무늬가 있는'이라는 의미로 얼룩말의 무늬에서 유래된 이름.

■ 색채에서 유래하는 종소명

종소명	발음	의미
citrinus	키트리누스	레몬색의
coccineus	코키네우스	심홍색의
coeruleus※	코에루레우스	청색의
concolor	콘코로르	동색(同色)의
corallinus	코랄리누스	산호의 붉은색의
crocatus	크로카투스	샤프란 황색의
cruentus	크루엔투스	진한 붉은색의, 혈홍색의
cupreatus	쿠프레아투스	구리색의
cupreus※	쿠프레우스	동적색(銅赤色)의
cyaneus	키아네우스	어두운 남색의
cyanus	키아누스	남색의
decolor	데코로르	무색의
decoloratus	데코로라투스	무색의
discolor	디스코로라	두 가지 색의, 서로 다른 색의
erubescens	에루베스켄스	홍색의
erythro –	에리트로	적색의(접두어)
ferrugineus	페루기네우스	녹빛의, 더럽게 된
flavescens	프라베스켄스	황색 범벅이 되다
flavidus	프라비두스	담황색의, 황색을 띠는
flavovirens	프라보비렌스	황록색의
flavus	프라부스	선명한 황색의
fulgens	푸르겐스	광택이 나는, 빛나는
fuscus	푸스쿠스	암적갈색의
glaucescens	그라우케스켄스	회청색의
glaucus	그라우쿠스	담청록색의
griseus	그리세우스	회백색의
haemato –	하에마토	혈홍색의(접두어. 뒤에 모음이 이어지는 경우는 haemat –)
igneus	이그네우스	담홍색의
incanus	인카누스	회백색의
incarnatus	인카르나투스	살구색의

■ 색채에서 유래하는 종소명

종소명	발음	의미
ionanthus	이오난투스	제비꽃색의
lacteus	락테우스	유백색의
lacticolor	락티코로르	유백색의
leuco –	레우코	흰색의(접두어. 뒤에 모음이 이어지는 경우는 leuc –)
leuconeurus	레우코네우루스	흰색 맥(脈)의
lucidus	루키두스	강한 광택이 나는, 빛나는
lutescens	루테스켄스	담황색의
luteus	루테우스	황색의
melano –	메라노	검은색의(접두어)
metallicus	메탈리쿠스	금속성 광택이 있는
miniatus※	미니아투스	주홍색의
niger	니게르	흑색의
nitidus	니타두스	광택이 있는, 반짝이는
niveus	니베우스	순백색의, 구름 같은 흰색의
pallidus	팔디두스	담백색의, 청백색의
pullus	풀루스	흑색의
puniceus	푸니케우스	선홍색의
purpurascens	푸르푸라스켄스	담홍색의, 약간 자색을 띠는
purpuratus	푸르푸라투스	자색의
purpureus	푸르푸레우스	자색의
roseus※	로세우스	장미색의, 담홍색의
rubens	루벤스	적색의
ruber	루베르	적색의
rubescens	루베스켄스	다소 붉은
rubicundus	루비쿤두스	적색과 같은
rubidus	루비두스	적색의
rutilans	루티란스	적색의, 선명한 적색의
sanguineus	산구이네우스	혈홍색의
splendens	스프렌데스	강한 광택이 나는, 빛나는
sulphureus	술푸레우스	유황색의

◀ 반다 코에루레아
Vanda coerulea
종소명은 '청색의'라는 의미로 꽃색에서 유래된 이름.

◀ 알로카시아 쿠프레아
Alocasia cuprea
종소명은 '동적색의'라는 의미로 잎의 색에서 유래된 이름.

■ 색채에서 유래하는 종소명

종소명	발음	의미
tricolor	트리코로르	3색의
tristis	트리스티스	어두운 색의
unicolor	우니코로르	단색의
violaceus	비오라케우스	자홍색의, 제비꽃색의
virens	비렌스	녹색의
viridis	비리디스	녹색의
xanthinus	크산티누스	황색의
xantho-	크산토	황색의(접두어. 뒤에 모음이 이어지는 경우는 xanth-)

■ 미각에서 유래하는 종소명

종소명	발음	의미
acetosus	아케토수스	신맛의
acidus	아키두스	신맛의, 신맛을 띠는
amarus	아마루스	쓴맛의, 쓴맛이 나는
dulcis	둘키아스	단맛의, 단맛이 나는
edulis	에두리스	식용의, 먹을 수 있는
esculentus	에스쿠렌투스	식용의
piperatus	피페란투스	후추와 같이 매운 맛이 나는

■ 향기에서 유래하는 종소명

종소명	발음	의미
anosmus	아노스무스	무취의, 냄새가 없는
aromaticus	아로마티쿠스	향기가 있는
citriodorus	키트리오도루스	레몬향이 나는
foetidus	포에티두스	악취가 나는
fragrans	프라그란스	방향이 있는, 향이 나는
graveolens	그라베오렌스	강한 냄새가 나는
inodorus	이노도루스	무취의, 향기가 없는
moschatus	모스카투스	사향 같은 향기가 나는
odoratus	오도라투스	방향이 있는, 향기가 있는
odorifer	오도리페르	향기를 풍기는
odorus	오도루스	방향이 있는, 향기가 있는
suaveolens ※	수아베오렌스	방향이 있는

◀ 애크메아 미니아타
Aechmea miniata

종소명은 '주홍색의'라는 의미로 꽃받침에서 유래된 이름.

◀ 일일초
Catharanthus roseus

종소명은 '담홍색의'라는 의미에서 유래된 이름.

◀ 엔젤트럼펫
Brugmansia arborea

종소명은 '방향이 있는'이라는 의미로 야간에 꽃에서 방향이 있는 것에서 유래된 이름.

◀ 익소라 치넨시스
Ixora chinensis

종소명은 '중국의'라는 의미로 원산지에서 유래된 이름.

◀ 프리뮬러 케웬시스
Primula × kewensis

종소명은 '영국 큐왕립식물원의'라는 의미로 이 식물원에서 자연종간교접에 의해 처음 개화한 것에서 유래된 이름.

■ 지명에서 유래하는 종소명

종소명	발음	의미
africanus	아프리카누스	아프리카의
amazonica	아마조니카	아마존의
americanus	아메리카누스	아메리카의
arabicus	아라비쿠스	아라비아의
arcticus	아르크티쿠스	북극의, 한 대의
asiaticus	아시아티쿠스	아시아의
australiensis	아우스트라리엔시스	오스트레일리아의
bolivianus	볼리비아누스	볼리비아의
bornensis	보르넨시스	보르네오의
brasiliensis	브라질리엔시스	브라질의
californicus	카리포르니쿠스	캘리포니아의
canadensis	카나덴시스	캐나다의
canariensis	카나리엔시스	카나리아제도의
cantoniensis	칸토니엔시스	중국 광동의
capensis	카펜시스	남아프리카 희망봉의
caucasicus	카우카시쿠스	러시아 코카서스 지방의
chilensis	치리엔시스	칠레의
chinensis ※	키넨시스	중국의
europaeus	에우로파에우스	유럽의
formosanus	포르모사누스	대만의
gallicus	갈리쿠스	프랑스(옛 이름 Gaul)의
hispanicus	히스파니쿠스	스페인의
indicus	인디쿠스	인도의
japonicus	자포니쿠스	일본의
kewensis ※	케웬시스	영국 큐왕립식물원의
madagascariensis	마다가스카리엔시스	마다가스카르섬의
nipponicus	니포니쿠스	일본의
persicus	페르시쿠스	페르시아의
sibiricus	시비리쿠스	시베리아의
sinensis ※	시넨시스	중국의
tropicus	트로피쿠스	열대지방의
virgimanus	비르기마누스	버지니아주의

■ 일본 이름에서 유래하는 종소명

종소명	발음	의미
basjoo	바쇼	일본이름 파초(*Musa basjoo*)에서 기원
cacao	카카오	카카오(*Theobroma cacao*)의 중앙아메리카의 아스테카족에 의한 호칭에서 변한 스페인어에서 유래
kaki ※	카키	일본이름 감(*Diospyros kaki*)에서 유래
kanran	칸란	일본이름 한란(*Cymbidium kanran*)에서 유래
mume ※	무메	일본이름 매실(*Prunus mume*)에서 유래
nagi	나기	일본이름 파(*Podocarpus nagi*)에서 유래
nil	닐	나팔꽃(*Pharbitis nil*)의 아라비아이름에서 유래
sasanqua ※	사산쿠아	일본이름 산다화(*Camellia sasanqua*)에서 유래

◀ **감나무**
Diospyros kaki
종소명은 일본이름 감(カキ)에서 유래.

◀ **매실나무**
Prunus mume
종소명은 일본이름 매실에서 유래된 이름.

◀ **차나무**
Camellia sinensis
종소명은 '중국의'라는 의미에서 유래된 이름.

◀ **애기동백나무**
Camellia sasanqua
종소명은 일본이름 산다화(サザンカ)에서 유래.

■ 인명에서 유래하는 종소명

■ 인명에서 유래하는 종소명

종소명	발음	의미
baileyanus	베일리아누스	베일리(Bailey) 의(형용사). 경우에 따라 다음의 이름에서 유래한다. ❶ 오스트렐리아의 식물학자 베일리(Frederick Manson Bailey, 1827~1915) ❷ 인도의 탐험가 베일(Frederick Marshman Bailey, 1882~1967) ❸ 미국의 군인 베일리(Major Vernon Bailey) ❹ 코넬대학의 교수 베일리(Liberty Hyde Bailey, 1858~1954)
baileyi	베일리	베일리(Bailey)의 소유격. 상기 참조
banksii	방크시	뱅크스(Sir Joseph Banks, 1743~1820)의 소유격. 탐험가이자 식물채집가. 후에 영국왕립 큐식물원의 원장 역임
davidianus	다비디아누스	데이비드(Abbe Armand David, 1826~1900)의 형용사. 프랑스 신부이자 채집가
davidii ※	다비디	데이비드(Abbe Armand David, 1826~1900)의 형용사. 상기 참조
fortunei	포르투네이	포춘(Robert Fortune, 1812~80)의 소유격. 영국 식물학자
hookeri	후케리	후커(Hooker)의 소유격. 왕립큐식물원의 원장 등을 역임한 영국식물학자(Sir William Jackson Hooker, 1785~1865) 또는 그의 아들이자 왕립큐식물원의 원장을 역임한 식물학자(Sir Joseph Dalton Hooker, 1817~1911)

종소명	발음	의미
hookerianus	후케리아누스	후커(Hooker)의 형용사. 상기 참조
kaempferi	캠프페리	캠퍼(Engelbert Kaempfer, 1651~1716)의 소유격. 독일 의사이자 식물탐험가
lindleyanus	린드레야누스	린들리(John Lindley, 1799~1865)의 형용사. 영국 식물학자
lindleyi	린드레비	린들리(John Lindley)의 소유격. 상기 참조
linnaeanus	린나에아누스	린네(Carl von Linne, 1708~78)의 형용사. 스웨덴 식물학자
linnaei	린나에이	린네(Carl von Linne, 1708~78)의 소유격
sieboldianus	시볼디아누스	지볼트(Philipp Franz van Siebold, 1796~1866)의 형용사. 독일인 의사
sieboldii	시볼디	지볼트(Philipp Franz van Siebold)의 소유격. 상기 참조
thunbergii	툰베르기	툰베리(Carl Peter Thunberg, 1743~1828)의 소유격. 스웨덴 식물학자
veitchianus	베이치아누스	베이치(Veitch)의 형용사. 영국 원예가(James Veitch, 1815~1869) 또는 그의 아들(John Gould Veitch, 1839~1870)
veitchii ※	베이치	베이치(Veitch)의 소유격. 상기 참조
wilsonii	윌소니	윌슨(Ernest Henry Wilson, 1876~1930)의 소유격. 영국에서 태어나 후에 미국 아놀드수목원에 근무한 식물채집가

◀ 부들레야
Buddleja davidii
종소명은 데이비드(Abbe Armand David)를 기념한 것.

◀ 네펜데스 베이치
Nepenthes veitchii
종소명은 영국 원예가 베이치(Veitch)를 기념한 것.

■ 생육지에서 유래하는 종소명

종소명	발음	의미
aereus	아에레우스	기생(氣生)의, 공기 중에 있는
agrestis	아그레스티스	야생의, 초원의
alpester	알페스테르	아고산성(亞高山性)의, 아고산지대의
alpinus	알피누스	고산성(高山性)의, 알프스산맥의
aquaticus	아쿠아티쿠스	수생의, 수중에 있는
aquatilis	아쿠아티리스	수생의, 수중에 있는
arboricola	아르보리코라	수목에 자라는
arenarius	아레나리우스	모래땅을 좋아하는, 모래땅에 자라는
arvalis	아르바리스	경작지에 자라는
arvensis	아르벤시스	경작지에 자라는
-cola	코라	~의 주인 (접미어)
collinus	콜리누스	구릉에서 자라는
gypsicola	깁시코라	석회암에서 자라는
gypsophilus	깁소피루스	석회암을 좋아하는, 석회암에서 자라는
insularis	인수라리스	섬에서 자라는
lithophilus	리토피루스	돌을 좋아하는, 돌에서 자라는
litoralis	리토라리스	바닷가에서 사는, 해안의
marinus	마리누스	바다 속에서 사는, 바다의
maritimus	마리티무스	해변의, 해안의
montanus	몬타누스	산의, 산지에서 사는
natans	나탄스	부유하는, 물에 뜨는
nemoralis	네모라리스	삼림에서 자라는
nemorosus	네모로수스	삼림에서 자라는
petraeus	페트라에우스	암석 틈을 좋아하는
pratensis	프라텐시스	초원에서 사는, 초원의
rupester	루페스테르	바위 위에서 자라는
rupicola	루피코라	암석 절벽에서 자라는
saxatilis	삭사티리스	암석 위 또는 틈에서 자라는
saxicola	삭시코라	암석 틈에서 자라는, 바위의 주인
sylvaticus ※	실바티쿠스	삼림에서 자라는
terrestris	테레스트리스	육지에서 자라는, 지면의
xerophilus	크세로피루스	건조지에서 자라는

■ 계절이나 시기에서 유래하는 종소명

종소명	발음	의미
aestivalis	아에스티바리스	여름의
aestivus	아에스티부스	여름의
autumnalis ※	아우툼나리스	가을의
diurnus	디우르누스	낮에 개화하는, 주간의
hyemalis	히에마리스	겨울의
majalis	마야리스	5월에 꽃이 피는
majus	마유스	5월의
nocturnalis	녹투르나리스	야간의, 야간에 개화하는
nocturus	녹투루스	야간의
nyctagineus	닉타기네우스	밤의
octobris	옥토비루스	10월의
veris ※	베리스	봄의
vernalis	베르나리스	봄의
vernus	베르누스	봄의, 봄에 피는

■ 신화에서 유래하는 종소명

종소명	발음	의미
dianae	디아나에	그리스 신화의 여신 다이아나 (Diana)의
medusae ※	메두새	그리스 신화의 괴물 메두사 (Medusa)의
pandoranus	판도라누스	그리스 신화의 여신 판도라 (Pandora)의

◀ 에우코미스
아우툼나리스
Eucomis autumnalis

종소명은 '가을의'라는 의미로 개화기에서 유래된 이름.

◀ 글록시니아
실바티카
Gloxinia sylvatica

종소명은 '삼림에서 자라는'이라는 의미로 생육지에서 유래된 이름.

◀ 카우스립
Primula veris

종소명은 '봄의'라는 의미로 개화기에서 유래된 이름.

■ 숫자에서 유래하는 종소명

종소명	발음	의미
bi-	비	2, 2개의(접두어)
di-	디	2개의, 2배의(접두어)
hepta-	헤프타	7의(접두어)
hexa-	헥사	6의(접두어. 뒤에 모음이 이어지는 경우는 hex-)
mono-	모노	1의(접두어. 뒤에 모음이 이어지는 경우는 mon-)
octo-	옥토	8의(접두어. 뒤에 모음이 이어지는 경우는 oct-)
penta-	펜타	5의(접두어)
quadri- ※	쿠아드리	4의(접두어. 뒤에 모음이 이어지는 경우는 quadr-)
septem-	셉템	7의(접두어)
sexa-	세크사	6의(접두어. 뒤에 모음이 이어지는 경우는 sex-)
tetra-	테트라	4의(접두어. 뒤에 모음이 이어지는 경우는 tetr-)
tri-	트리	3의(접두어)
uni-	우니	1의, 단일의(접두어)

■ 기타

종소명	발음	의미
admirabilis	아드미라빌리스	멋진, 칭찬할 만한
affinis	아피니스	매우 닮은, 다른 종과 관련이 있는
amabilis	아마빌리스	사랑스러운, 귀여운
ambiguus	암비구우스	불확실한, 의심스러운
amoenus	아모에누스	사랑스러운, 매력적인
annuus	안누우스	1년생의
augustus	아우구스투스	훌륭한, 현저한
australis	아우스트라리스	남쪽의, 남방계의, 남반구의
barbarus	바르바루스	이국의, 외국의
belladonna ※	벨라돈나	숙녀의, 아름다운 부인의
bellus	벨루스	아름다운, 멋진
benedictus	베네딕투스	신성한, 치료 효과가 있는
blandus	브란두스	사랑스러운, 온화한
borealis	보레아리스	북쪽의, 북방계의
catharticus	카타르티쿠스	설사하게 만드는 약의
communis	콤무니스	보통의, 공통의
commutatus	콤무타투스	교환하는, 변화하는
concinnus	콘킨누스	잘 만들어진, 상품(上品)의
confusus	콘푸수스	불확실한, 혼란한
debilis	데빌리스	연약한, 약소한
deciduus	데키두우스	낙엽의, 탈락성의
decoratus	데코라투스	아름다운, 장식을 한
decorus	데코루스	아름다운, 사랑스러운
deliciosus	데리키오수스	맛있는, 상쾌한
dioecius	디오케우스	암수딴그루(雌雄異株)의
dioicus	디오이쿠스	암수딴그루의
domesticus	도메스티쿠스	그 땅에서 재배된, 국내의, 가정의
dubius	두비우스	의심스러운, 불확실한
elasticus	에라스티쿠스	탄력이 있는
elegans	에레강스	우아한, 아름다운
elegantissimus	에레강티시무스	매우 아름다운
epi-	에피	위의(접두어. 뒤에 모음이 이어지는 경우는 ep-)

◀ **큰열매 시계꽃**
Passiflora quadrangularis

종소명은 접두어 *quadri*와 *angularis*의 합성어로 '4개의 능이 있는'이라는 의미로 줄기에 4개의 능이 있는 것에서 유래된 이름.

◀ **불보필룸 메두사**
Bulbophyllum medusae

종소명은 '그리스 신화의 괴물 메두사의'라는 의미로 꽃차례의 형태에서 유래된 이름.

◀ **아마릴리스 벨라도나**
Amaryllis belladonna

종소명은 '아름다운 부인의'라는 의미로 아름다운 꽃에서 유래된 이름.

종소명	발음	의미
eumorphus	에우모르푸스	아름다운 모양의
exoticus	엑소티쿠스	외국의, 외국산의
ferox	페록스	위험한, 가시가 많은
fertilis	페르티리스	다산(多産)의, 많은 열매를 맺는
flaccidus	프락키두스	유연한, 연약한
formosus	포르모수스	아름다운, 화려한
fragilis	프라기리스	깨지기 쉬운, 부서지기 쉬운
generalis	게네라리스	일반적인
gloriosus	그로리오소스	훌륭한, 멋진
homo-	호모	같은(접두어. 뒤에 모음이 이어지는 경우는 hom-)
hortensis	호르텐시스	정원의, 정원에서 재배하는
hortorum	호르토룸	정원의
hortulanus	호르투라누스	정원의, 원예가의
hybridus	히브리두스	잡종의
illustris	일루스트리스	훌륭한, 뛰어난
imperialis	임페리아리스	황제의, 위엄이 있는
insignis ※	인시그니스	저명한, 매우 훌륭한
intermedius	인테르메디우스	중간의
iso-	이소	같은, 동등한(접두어)
lepidus	레피두스	즐거운, 귀여운
magnificus	마그니피쿠스	장대한, 대규모의
medius	메디우스	중간의, 중간 종(種)의
mirabilis	미라비리스	기이한, 경이로운
mutabilis ※	무타비리스	변화하기 쉬운, 여러 가지 형태로 변하는
neo-	네오	새로운(접두어)
nivalis	니바리스	눈의, 빙설대에서 자라는
nobilis	노비리스	훌륭한, 품위가 있는
normalis	노르마리스	통상의, 정규의
notabilis	노타비리스	주목할만한, 저명한
ob-	오브	반대의, 역의(접두어)
occidentalis	옥키덴타리스	서방의, 서부의
officinalis	옵피키나리스	약용의, 약효가 있는

■ 기타

종소명	발음	의미
-oides	오이데스	~와 같은, ~와 닮은(접미어)
oleraceus	오레라케우스	식용채소의, 요리에 이용되는
orientalis ※	오리엔타리스	동방의, 동부의
ornatus	오르나투스	꾸민, 화려하고 아름다운
paradoxus	파라독수스	역설적인, 기이한
parasiticus	파라스티쿠스	기생(寄生)의, 기생적인
perennis	페렌니스	다년생 풀의
picturatus	픽투라투스	그림같은, 색채가 있는
pictus	픽투스	색이 있는, 색채가 있는
praecox	프라에콕스	조기(早期)의, 조기 개화하는
princeps	프린켑스	왕후의, 최상의
pseudo-	프세우도	가짜의(접두어. 뒤에 모음이 이어지는 경우는 pseud-)
pulchellus	푸르케루스	아름다운, 사랑스러운
pulcher	푸르케르	아름다운, 우아한
pulcherrimus	푸르켈리무스	매우 아름다운
regalis	레가리스	임금의
regina	레기나	여왕
reginae	레기나에	여왕의, 왕비의(regina의 소유격)
regius ※	레기우스	왕의(rex의 소유격)
religiosus ※	레리기오수스	종교의
rex	렉스	왕, 왕자(王者)
robustus ※	로부스투스	튼튼한, 강한
sativus	사티부스	재배된, 경작한
semi-	세미	반으로 나눈(접두어)
semper-	셈페르	상시로, 언제나(접두어)
semperflorens	셈페르프로렌스	4계절 꽃 피는
sempervirens	셈페르비렌스	상록의
senilis	세니리스	노인의
speciosus	스페키오수스	아름다운, 화려한
spectabilis ※	스펙타비리스	아름다운, 장관의
sphacelatus	스파케라투스	시들은, 고사한
spontaneus	스폰타네우스	야생의, 자생의
suavis	수아비스	상쾌한, 기분 좋은

◀ **심비디움 인시그네**
Cymbidium insigne

종소명은 '훌륭한'이라는 의미로 아름다운 꽃에서 유래된 이름.

◀ **부용**
Hibiscus mutabilis

종소명은 '변화하기 쉬운'이라는 의미에서 유래된 이름.

■ 기타

종소명	발음	의미
sub-	수브	~아래, 애(亞)(접두어)
superbus	수페르부스	품격이 높은, 훌륭한
tinctorius	틴크토리우스	염색용의, 염료의
toxicus	톡시쿠스	유독한, 유해한
trivialis	트리비아리스	통상의, 어디서든 볼 수 있는
typicus	티피쿠스	대표적인, 기준종(基準種)의
utilis	우티리스	유용한
variabilis※	바리아비리스	여러 가지의, 변하기 쉬운
venustus	베누스투스	귀여운, 가련한
victorialis	빅토리아리스	승리의
vulgaris	불가리스	보통의, 통상의

◀ 측백나무
Thuja orientalis

종소명은 '동방의'라는 의미에서 유래된 이름.

◀ 워싱톤야자
Washingtonia robusta

종소명은 '튼튼한'이라는 의미로 나무의 성질에서 유래된 이름.

◀ 델로닉스 레기아
Delonix regia

종소명은 '임금의'라는 의미로 아름다운 꽃에서 유래된 이름.

◀ 금낭화
Dicentra spectabilis

종소명은 '아름다운'이라는 의미에서 유래된 이름.

◀ 인도보리수
Ficus religiosa

종소명은 '종교의'라는 의미로 석가모니가 이 나무 아래서 깨달음을 얻은 데서 유래된 이름.

◀ 굴참나무
Quercus variabilis

종소명은 '여러 가지의'라는 의미에서 유래된 이름.